# 磁性纳米材料技术及其应用

楠　顶　郭泽宇　著

中国原子能出版社

图书在版编目 (CIP) 数据

磁性纳米材料技术及其应用 / 楠顶，郭泽宇著 . ――
北京：中国原子能出版社，2022.11
ISBN 978-7-5221-2268-7

Ⅰ . ①磁… Ⅱ . ①楠… ②郭… Ⅲ . ①磁性材料—纳
米材料—研究 Ⅳ . ① TB383

中国版本图书馆 CIP 数据核字（2022）第 207753 号

## 内 容 简 介

本书首先介绍了磁性纳米材料产生的背景和优良性质，然后介绍了一系列磁性纳米材料的制备技术与性能，并对这些磁性纳米材料进行了表征，最后研究了其在环境治理方面的应用。内容包括；绪论、磁性纳米材料的制备及表征技术、磁性无机复合纳米材料的制备及表征技术、纳米磁性液体的制备及表征技术、纳米磁性金属—有机骨架复合材料制备及表征技术、纳米磁性有机高分子复合材料制备及表征技术和纳米磁性材料在环境治理方面的应用等。本书可供功能材料及相关专业的工程技术人员参考使用。

**磁性纳米材料技术及其应用**

---

**出版发行**　中国原子能出版社（北京市海淀区阜成路 43 号 100048）
**责任编辑**　白皎玮
**责任校对**　冯莲凤
**印　　刷**　北京亚吉飞数码科技有限公司
**经　　销**　全国新华书店
**开　　本**　710 mm×1000 mm　1/16
**印　　张**　14.125
**字　　数**　224 千字
**版　　次**　2024 年 3 月第 1 版　2024 年 3 月第 1 次印刷
**书　　号**　ISBN 978-7-5221-2268-7　**定　　价**　96.00 元

---

**网　　址**：http://www.aep.com.cn　　E-mail:atomep123@126.com
**发行电话**：010-68452845　　　　　　版权所有　侵权必究

# 前　言

　　磁性材料的应用可以一直追溯到中国古代,我们的祖先利用磁性材料制造出四大发明之一的指南针,用于军事和航海。因此,磁性材料的研究是一个古老而重要的领域,也是当今研究的热点课题。

　　纳米材料除了具备普通材料的性质之外,还具有特殊的纳米效应。纳米材料具有许多有益的光学、电学、热学和力学等性质,已经成为21世纪材料科学研究的热点,并给传统的磁性产业带来了跨越式发展的重大机遇和挑战。磁性材料作为材料中的重要成员,一直紧密伴随着纳米科技的发展,是纳米材料中不可或缺的一部分。研究表明,当材料的尺寸进入纳米尺度后,比表面积急剧增大,表面能相应升高,量子效应体现出来,这使得磁性纳米材料具有一些特殊的性质。

　　磁性纳米复合材料指材料尺寸线度在纳米级,由不同磁性组分构成的复合磁性材料,因其各组分具有的特征性磁性而获得优良的综合磁性。磁性纳米复合材料的出现,引起了世界各国材料工作者的高度重视,无论从理论研究还是从试验上,都进行了深入的研究,并取得了很大进展,经过多年来的发展,已成为当今社会重要的磁性材料,有力地推动着微波电子学、信息存储与处理技术和无线电电子学等科学技术的迅速发展,也促使器件不断小型化,受到材料界的广泛关注。

　　本书首先介绍了磁性纳米材料产生的背景和优良性质,然后介绍了一系列磁性纳米材料的制备技术与性能,并对这些磁性纳米材料进行了表征,最后研究了其在环境治理方面的应用。

　　全书分为7章,第1章绪论,具体阐述了纳米材料简介、磁现象与磁性材料、磁性纳米材料的性质及分类、磁性纳米材料的研究及应用进展。第2章至第6章分别研究了磁性纳米材料、磁性无机复合纳米材料、纳米磁性液体、纳米磁性金属-有机骨架复合材料、纳米磁性有机高分子复合材料的制备及表征技术。第7章重点阐述了纳米磁性材料在环境治理方面的应用,包括纳米磁性复合材料的杀菌性能、对有机污染物的吸附与分离、对重金属离子的吸附与分离以及对有害气体的吸附与分离。

全书由楠顶、郭泽宇撰写,具体分工如下:

第1章、第4章、第5章、第7章,共10.49万字:楠顶(内蒙古大学);

第2章、第3章、第6章,共10.49万字:郭泽宇(内蒙古农业大学)。

该专著的出版得到了国家自然科学基金(51962029)、内蒙古自治区科技重大专项(2020ZD0024)、内蒙古自治区杰出青年科学基金(2022JQ08)、内蒙古自治区"草原英才"青年创新人才一层次项目、内蒙古自治区科技成果转化项目(CGZH2018132),内蒙古自治区科技计划项目(2019GG265)、内蒙古阿拉善盟应用技术研究与开发资金项目(AMYY2020-01),自治区直属高校基本科研业务费项目(JY20220043)、内蒙古农业大学高层次人才科研启动项目(NDGCC2016-20)、2021年度内蒙古电力公司科技项目博士后项目、内蒙古自治区科技创新引导项目"北奔军用重卡新型石墨烯防腐涂料开发及涂装产业化示范"、内蒙古大学"骏马计划"高层次引进人才科研启动基金的支持,也感谢内蒙古自治区石墨(烯)储能与涂料重点实验室的支持。

目前,对磁性纳米材料的研究还在进行中,有关其影响因素及原理的研究还不太透彻。随着研究的不断深入,本书中的一些观点和提法可能会不确切,仅希望本书能够为当前磁性纳米材料的研究有所裨益。本书在撰写过程中参考了大量的资料,同时也得到了各位同行的鼎力相助,在此向你们表示诚挚的谢意。虽然本书经过多次的检查与修改,但难免存在一些问题,还希望广大的学者积极地提出有关的问题,通过后期的修正使本书更加完善。

作　者
2022年1月

# 目 录

# 第1章

## 绪 论

　　磁性纳米材料结合了物质的磁效应和纳米效应,不仅具有纳米材料的优点,更因为其磁性的特点,使其在作为吸附剂时可以从样品溶液中很容易地被分离出来,有利于材料的再生重复利用。因此,磁性纳米材料是一种潜在的吸附剂。[1]

## 1.1　纳米材料简介

### 1.1.1 纳米材料的发展简史

　　纳米(nm)为一种长度单位,1 nm=1 × 10$^{-9}$ m。最小的原子(H)的半径为 0.037 nm,最大的原子(Ce)的半径为 0.235 nm。1 nm 相当于人类头发直径的万分之一。不仅人的肉眼看不到纳米尺度,就连普通光学显微镜也不能看到,必须用较高倍率的电子显微镜才可以观测到。[2]

　　纳米材料的传统定义为:特征尺度(三维空间尺度中的至少一维)小于 100 nm 的各种材料。这个特征尺度可以是一个颗粒的直径(如量子点、纳米簇、纳米晶等)、一个晶粒的大小(纳米结构材料)、一层薄膜的厚度(薄膜及超晶格)、在一个芯片上一条导线的宽度等。

　　纳米材料在自然界的存在可追溯到上百万年前,人类自发地使用纳米材料始于数千年前(古代的熏墨、宝剑的表面处理层等),但人们真正地认识纳米材料则是在19世纪。1861年,英国的Thomas Graham用"胶体"描述了悬浮在溶液中粒径为1~100 nm的颗粒,这是科学家首次发现纳米材料。20世纪初,一些著名的科学家,如Arayleigh, Maxwell, Einseir等系统地研究了胶体。1960年,Uyeda用电子显微镜研究了胶体颗粒。20世纪80—90年代是纳米材料和科技迅猛发展的年代。1980年,少于100个原子组成的簇被发现;1985年,Smally和Kroto领导的研究小组发现了$C_{60}$簇;20世纪90年代以后,纳米科技进入蓬勃发展的时期。1991年,lijimas发现了碳纳米管。在1991年、1992年、1993年,连续召开了三次关于纳米材料研究的国际会议,内容涉及纳米技术和装置的各个领域,如金属簇及其化合物的合成与性质、纳米颗粒的合成与性质、生物纳米材料、分子自组装和纳米化学、STM(Scanning Tunneling Microscope)观察纳米材料的结构、先进量子装置、纳米结构的光学行为等。

20世纪80年代末90年代初,世界各国对纳米科技的高度重视与大量投入使得纳米材料制备技术得到飞速发展,一些国家纷纷制定相应的战略计划,投入巨资抢占纳米技术战略高地。日本设立纳米材料研究中心,启动了一个关于超细粒子的五年计划项目,把纳米技术列入新五年科技基本计划的研发重点。德国政府规划了纳米研究的五大领域:①超薄膜;②侧向纳米结构;③超精度表面;④纳米结构分析;⑤纳米材料和分子组装。英国国家物理实验室、英国贸易部和工业部早在1986年就联合推出了英国国家纳米行动计划(National Initiative on Nanotechnology, NION)。[3]美国将纳米技术视为下一次工业革命的核心,由美国政府部门包括美国国家基金会、国防部、能源部、国家健康研究院、国家航空航天局、国家标准技术局、商业局,协助的有交通部、国务院、财政部等,制定了国家纳米行动计划(National Nanotechnology Initiative, NNI)。在这种国际背景下,中国政府也先后将纳米材料技术研究列入"863"和"973"等科研计划中[4~6]。

与体相材料相比,纳米材料不仅展现了更强大的新特性,而且为制造新材料创造了机会。纳米材料具有许多奇异的特性,因此在国防、电子、化工、冶金、轻工、航空、陶瓷、核技术、催化剂、医药等领域得到了广泛的应用。许多科学家预言,纳米材料和技术必将引发 21 世纪新一轮的产业革命。

### 1.1.2 纳米材料的性能

纳米材料的性能是由尺寸所决定的,1~100 nm 以内为纳米尺度的概念是纳米工程工作者的观点,与纳米工程工作者不同,纳米科学工作者是以材料是否具有纳米效应来界定纳米材料的,即某些材料尺寸即使在 100 nm 以上,但只要具有纳米效应,就可以称为纳米材料。在纳米尺度下,物质中的电子波性以及原子间的相互作用受尺度大小的影响,物质会出现与体相材料完全不同的性质。例如,即使不改变材料的成分,纳米材料的基本性质也将与传统材料大不相同,呈现出用传统的模式和理论无法解释的独特性能。磁性纳米材料不但拥有纳米材料的优势,还具有超顺磁性,能够借助外加磁场轻易地从溶液中分离出来,避免了材料的浪费和对环境可能造成的二次污染,因此在环境领域具有很好的应用前景。

纳米粒的一个重要的标志是尺寸与物理的特征量相差不多,例如,当纳米粒的粒径与超导相干波长、玻尔半径以及电子的德布罗意波长相当时,小颗粒的量子尺寸效应十分显著。与此同时,大的比表面积使处于表面态的原子、电子与处于小颗粒内部的原子、电子的行为有很大的差别,甚至使纳米粒具有同材质的宏观大块物体所不具备的新的光学特性。主要表现为以下几方面。

(1)宽频带强吸收。

不同的块状金属具有不同的颜色,这表明它们对可见光范围内各种颜色(波长)的反射和吸收能力不同,而当尺寸减小到纳米级时,各种金属纳米粒几乎都呈黑色,它们对可见光的反射率极低,例如钳纳米粒的反射率为 1%,金纳米粒的反射率小于 10%。这种对可见光的低反射率和强吸收率导致粒子变黑。[7]

纳米 SiC 及 $Al_2O_3$ 粉对红外线有一个宽频强吸收谱。这是由于纳米粒大的比表面积导致了平均配位数的下降,不饱和键和悬键(指正常配位数未得到满足时的一种成键状态)增多,与常规大块材料不同,没有一个单一的、择优的键振动模,而存在一个较宽的键振动模的分布,在红外光场作用下它们对红外吸收的频率也就存在一个较宽的分布,这就导致了纳米粒红外吸收带的宽化。

许多纳米粒,例如 ZnO、$Fe_2O_3$ 和 $TiO_2$ 等,对紫外线有强吸收作用,而亚微米级的 $TiO_2$ 对紫外线几乎不吸收,这些纳米氧化物对紫外线的吸收主要来源于它们的半导体性质。

（2）蓝移和红移现象。

与大块材料相比,纳米粒的吸收带普遍存在"红移"现象,即吸收带移向长波长方向。例如, SiC 纳米粒和大块 SiC 固体的峰值红外吸收频率分别是 814 $cm^{-1}$ 和 794 $cm^{-1}$, SiC 纳米粒的红外吸收频率较大块固体红移了 20 $cm^{-1}$。$Si_3N_4$ 纳米粒和大块 $Si_3N_4$ 固体的峰值红外吸收频率分别是 949 $cm^{-1}$ 和 935 $cm^{-1}$, $Si_3N_4$ 纳米粒的红外吸收频率比大块固体红移了 14 $cm^{-1}$。体相 PbS 的禁带宽度较窄,吸收带在近红外区。但是 PbS 体相中的激子玻尔半径较大(大于 10 nm),更容易达到量子限域。当其尺寸小于 3 nm 时,吸收光谱已移至可见光区。

在一些情况下,粒子减小至纳米级时,可以观察到光吸收带对粗晶材料呈现"红移"现象,即吸收带移向长波长。例如,在 200 ~ 1 400 nm 波长范围,单晶 NiO 呈现 7 个光吸收带,它们的峰位分别为 3.52 eV、3.25 eV、2.95 eV、2.75 eV、2.15 eV、1.95 eV 和 1.13 eV,纳米 NiO (粒径在 54 ~ 84 nm 范围)不呈现 3.52 eV 的吸收带,其他 7 个带的峰位分别为 3.30 eV、2.93 eV、2.78 eV、2.25 eV、1.92 eV、1.72 eV 和 1.07 eV,很明显,前 4 个光吸收带相对单晶的吸收带发生蓝移,后 3 个光吸收带发生红移。这是因为光吸收带的位置是由影响峰位的蓝移因素和红移因素共同作用的结果,如果前者的影响大于后者,吸收带蓝移;反之,吸收带红移。随着粒径的减小,量子尺寸效应会导致吸收带的蓝移,但是粒径减小的同时,颗粒内部的内应力会增加,这种内应力的增加会导致能带结构的变化,电子波函数重叠加大,结果带隙、能级间距变窄,这就导致电子由低能级向高能级及半导体电子由禁带到导带跃迁引起的光吸收带和吸收边发生红移。纳米 NiO 中出现的光吸收带的红移是由于粒子减小时红移因素大于蓝移因素所致。[8]

（3）量子限域效应。

当材料尺度减小到几个纳米时,材料内部电子结构会表现为分立能级,这就是量子限域效应。几种常见的呈现强量子限域效应材料的临界尺寸分别为; CdS（0.9 nm）、PdS（20 nm）、CdSe（2 nm）、PdSe（46 nm）和 GaAs（2.8 nm）。常见的纳米材料的量子限域效应具有两大特点:①陡的吸收谱线,即对应于窄的能带宽度;②在吸收谱上常叠加激光子的特征谱,这与纳米粒的粒度分布相关。量子限域效应取决于纳米粒的晶体结构、纳米粒与基质相互作用、界面结构和配位状态以及纳米粒内部化学计量比等诸多因素。

（4）磁光效应。

在磁性物质,如顺磁性、铁磁性、反铁磁性和亚铁磁性物质的内部,具有原子或离子磁矩。这些具有固定磁矩的物质在外磁场的作用下,电磁特性(如磁导率、介电常数、磁化强度、磁畴结构、磁化方向等)会发生变化,使光波在其内部的传输特性,如偏振面、相位或散射特性也随之发生变化。光通过磁场或磁矩作用下的物质时,磁性物质与光波相互作用所产生的新的各种光学各向异性现象称为磁光效应。从唯象性角度说,磁光效应是光从具有介电常数和磁导率的铁磁体透过或反射后,光的偏振状态发生变化的现象。光从铁磁体透过或从磁体表面反射后其偏振状态发生变化,这是由于光场 $E$ 和磁场 $H$ 与铁磁体的自发磁化强度 $M$ 之间的相互作用使光的电磁波发生变化。自从在 1845 年由法拉第发现法拉第磁光效应后,人们又陆续发现了克尔效应、科顿 - 穆顿效应及塞曼效应等磁光效应。下面对不同磁光效应及其应用作简单介绍。

①法拉第磁光效应。法拉第磁光效应是光与原子磁矩相互作用而产生的现象,当一些透明磁性物质(如石榴石)透过直线偏光时,若同时

施加与入射光平行的磁场 $H$,透射光将在其偏振面上旋转一定的角度射出,如图 1-1 所示,称此现象为法拉第磁光效应。

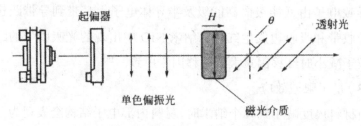

图 1-1　法拉第磁光效应[9]

对于顺磁介质和反磁介质,磁场不很强时,光振动面的法拉第旋转角 $\theta_F$ 与光在磁光介质中通过的路程 $l$、外加磁场强度在光传播方向的分量 $H$ 成正比:

$$\theta_F = V_d \boldsymbol{H} l$$

式中,$V_d$ 为费尔德(Verdet)常数。

为了反映磁光材料的综合磁光性能,引入磁光优值 $F$ 的概念,$F$ 是磁光旋转角与吸收系数的比值:

$$F = \frac{\theta_F}{\alpha}$$

式中,$\theta_F$ 为法拉第旋转角;$a$ 为磁光材料光吸收系数。

磁光优值 $F$ 是表征磁光性能的重要参数,如果 $F$ 小,则没有使用价值,因此实际使用时要求材料具有较高的法拉第旋转角。此外,法拉第效应只有当光束能通过材料时才有意义,因此材料对光的吸收应尽可能小,吸收特性用光的吸收系数 $a$ 来表示。

所有的透明物质都具有法拉第效应,不过已知的法拉第旋转系数较大的磁光介质主要是稀土石榴石系物质。目前磁光材料在光通信、磁光器件等方面的研究、开发及应用都相当活跃。如利用磁光材料的法拉第磁光效应,已经成功制备了磁光调制器、磁光隔离器、磁光开关、磁光环行器等器件[10~11]。

②磁光克尔效应。当一束单色线偏振光照射在磁光介质薄膜表面时,部分光线将发生透射,透射光线的偏振面与入射光的偏振面相比有

一转角,这个转角被叫做磁光法拉第转角($\theta_F$),而反射光线的偏振面与入射光的偏振面相比也有一转角,这个转角被叫做磁光克尔转角($\theta_k$),这种效应叫做磁光克尔效应,如图 1-2 所示。

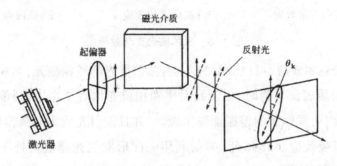

图 1-2 磁光克尔效应

按照磁场相对于入射面的配置状态不同,磁光克尔效应可以分为三种,即极向克尔效应、纵向克尔效应和横向克尔效应,如图 1-3 所示。图 1-3(a)为极向克尔效应,即磁化强度与介质表面垂直时发生的克尔效应,通常情况下,极向克尔信号的强度随光的入射角的减小而增大,在 0° 入射角时(垂直入射)达到最大。图 1-3(b)为纵向克尔效应,即磁化强度既平行于介质表面又平行于光线的入射面时的克尔效应。纵向克尔信号的强度一般随光的入射角的减小而减小,在 0° 入射角时为零。通常情况下,纵向克尔信号中无论是克尔旋转角还是克尔椭偏率都要比极向克尔信号小一个数量级。这个原因使纵向克尔效应的探测远比极向克尔效应困难。[12] 但对于很多薄膜样品来说,易磁轴往往平行于样品表面,因而只有在纵向克尔效应配置下样品的磁化强度才容易达到饱和。因此,纵向克尔效应对于薄膜样品的磁性研究来说是十分重要的。图 1-3(c)为横向克尔效应,即磁化强度与介质表面平行时发生的克尔效应,极向和纵向克尔磁光效应的磁致旋光都正比于磁化强度;一般极向的效应最强,纵向次之,横向则无明显的磁致旋光。

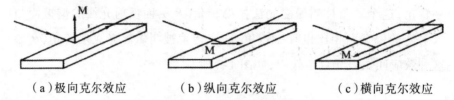

（a）极向克尔效应　　　　（b）纵向克尔效应　　　　（c）横向克尔效应

**图 1-3　三种磁光克尔效应**

磁光克尔效应,可以分解为左、右圆偏振光的线偏振光,当在不透明的磁性物质表面发射时,由于发射率和相位变化对于左、右圆偏振光是不同的,因而发射光的偏振面发生旋转,并且发射光成为椭圆偏振光。

③塞曼效应。1896 年,塞曼利用一凹形罗兰光栅观察处于强磁场中的钠火焰光谱时,发现光谱线在磁场中发生了分裂,这就是塞曼效应,即当光源在足够强的磁场中时,所发射的光线谱分裂成几条,条数随着能级的差别而不同,且分裂后的谱线成分都是偏振的。从实用的角度来看,塞曼效应已经应用于原子吸收分光光度计等领域。

④磁致线双折射效应。当光以不同于磁场的方向通过磁场中的磁光介质时,也会出现像单轴晶体那样的双折射现象,称为磁致线双折射效应。磁致线双折射效应又包括科顿 - 穆顿（Cotton-Mouton）效应和瓦格特（Voigt）效应。

在磁光效应发现后的一百多年中,由于科学技术水平的限制,磁光效应并未获得真正的应用。直到 20 世纪 60 年代,由于激光和光电子技术的发展,才使得磁光效应的研究向应用领域发展,出现了新型的光信号功能器件——磁光器件。目前,磁光材料及器件已经在激光、光电子学、光通信、光纤传感、光计算机、光信息存储及激光陀螺等领域得到广泛的应用,相关的研究及开发日益受到人们重视。

# 1.2 磁现象与磁性材料

## 1.2.1 磁现象

磁学和磁现象是众所周知的。从技术角度看,磁体在电动机、传动机、信息存储媒介、能量转换、电子电路和医疗等领域中是非常重要的。磁学是一个具有丰富内容和多层面的研究领域。因此想用仅仅一节的篇幅来概述和解释这一个庞大和复杂的领域是一项很艰巨的工作,本节主要向读者介绍一些与磁性纳米材料关系密切的概念。

### 1.2.1.1 磁滞回线

磁性材料在足够强的磁场(称为饱和磁化场 $H_s$)作用下被饱和磁化以后,使这一正向磁场强度降为零,材料的磁化强度便会从 $M_s$ 降到 $M_r$,显然,磁化强度的变化落后于磁场强度的变化,这种现象称为磁滞。[13] $M_r$ 称为剩余磁化强度,简称剩磁。若要使 $M_r$ 变为零,必须对材料施加一反向磁场 $H_{ci}$ 或 $MH_c$,该磁学量称为内禀矫顽力。若将反向磁场逐步增大到 $-H_s$,则材料又将达到饱和磁化。将反向磁场降为零,并继续使磁场强度沿正向增加到 $H_s$,磁化强度将经过 $-M_r$、$H_{ci}$ 到达 $M_s$,于是,在 $M$-$H$ 图上将形成一条封闭曲线,因为磁化强度的变化始终落后于磁场强度的变化,所以这样的封闭曲线称为 $M$-$H$ 磁滞回线。相应地,如果磁场强度经历一周期变化,即 $H_s \rightarrow 0 \rightarrow H_c \rightarrow H_s \rightarrow H_c \rightarrow H_s$,磁感应强度 $B$ 的变化在 $B$-$H$ 图上也会构成一条封闭回线,称为 $B$-$H$ 磁滞回线。在这种磁滞回线上,材料经饱和磁化后因撤去磁场所保留的磁感应强度称为剩余磁感应强度,也简称剩磁 $B_r$。使 $B_r$ 降为零所需要施加的反向磁场称为矫顽力,用 $BH_c$ 表示。超顺磁性具有强烈的尺寸和温度效应,判断材料是否处于顺磁状态,需要知道材料的尺寸与温度,因此对于磁性纳米颗粒而言,有两个物理量非常重要:一是超顺磁性的临界直径 $D_c$,

如果温度保持恒定,则只有颗粒尺寸 $D<$ 临界直径 $D_c$ 才有可能呈现超顺磁性;二是阻塞温度(Blocking Temperature)$T_b$,当温度 $T>T_b$,颗粒呈现超顺磁性。[14]磁滞回线如图 1-4 所示。

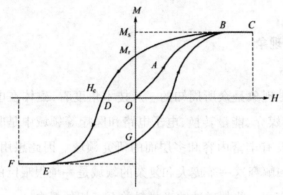

图 1-4  磁性物质的磁滞回线

### 1.2.1.2 矫顽力

矫顽力是指磁性材料在饱和磁化后,当外磁场退回到零时其磁感应强度 $B$ 并不退到零,只有在原磁化场相反方向加上一定大小的磁场才能使磁感应强度退回到零,该磁场称为矫顽磁场,又称矫顽力。在超顺磁临界尺寸以上,纳米颗粒的矫顽力随尺寸减小往往呈现增大的趋势。当纳米颗粒的尺寸减小到某一值,矫顽力达到最大。如果颗粒尺寸进一步减小,其矫顽力就会慢慢变小,当颗粒尺寸小于超顺磁临界尺寸时,矫顽力趋近于零,如图 1-5 所示。

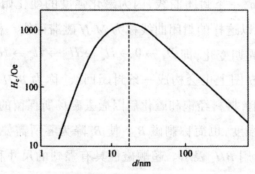

图 1-5 Ni 纳米颗粒的矫顽力 $H_c$ 与粒径 $d$ 的关系曲线

1 Oe=79.577 5 A/m,下同

矫顽力的大小表示材料被磁化的难易程度,有的很小,如铁镍合金的 $H_c$ 只有 2 A/m; 有的很大,如 NdFeB 永磁的 $H_c$ 可达 $8 \times 10$ A/m。因此,常要用它来对磁性材料进行分类。$H_c$ 大于 $3 \times 10$ A/m 属永磁材料,小于 $1 \times 10$ A/m 的属软磁材料,介乎其中的属半永磁材料。[15]

### 1.2.1.3 居里温度

居里温度 $T_c$,即磁性转变点或者居里点,是指材料可以发生二级相变的转变温度,也可以说是在顺磁体和铁磁体之间转变的温度。它与颗粒内部的原子构型和间距相关,可以按照以下公式计算 $T_c$:

$$V\left(K_1 + M_s H\right) = 25 k_B T_c$$

式中,$V$ 为粒子体积; $K_1$ 为室温有效磁各向异性常数。

由于纳米颗粒的尺寸减小使得磁性能发生变化,导致 $T_c$ 明显降低。例如块状的镍的居里温度是 631 K,纳米 Ni 颗粒的尺寸为 85 nm 时,从其磁化率和温度的关系曲线上观察出 $T_c$ 在 623 K 左右,而当纳米 Ni 颗粒的尺寸为 9 nm 时,其 $T_c$ 降低到 573 K。因此可定性地得出,纳米颗粒的尺寸减小,$T_c$ 点降低。这是由于纳米颗粒尺寸减小,原子间距小,使得 $J_c$ 减小,从而 $T_c$ 随粒径减小而下降。

### 1.2.1.4 超顺磁性

材料中颗粒尺寸的减小,使其能级发生显著变化,这必将引起磁性的改变。例如,粒径为 20nm 的铁颗粒的矫顽力比块体材料大 1 000 倍,而当粒径进一步减小到 6 nm 时,又表现出超顺磁性(矫顽力下降到 0)。利用超顺磁性可制成高性能的磁液用于密封以及医疗等领域。在医学上,利用磁性纳米颗粒为药物"导航",不仅能提高药效,还能减少副作用。

在外磁场下,铁磁性物质具有很高的诱导磁性,而顺磁性物质的诱导磁性很小。超顺磁性的概念是铁磁性物质的颗粒小于一临界尺寸时(此时的铁磁性物质具有单畴或近单畴结构),(温度足够高时)外磁场产生的磁取向力不足以抵抗热骚动的干扰,其磁化性质与顺磁体相似(不再表现为铁磁性,即单畴微粒在外磁场下不再形成强烈的取向作用)。

但在外磁场作用下其磁化率仍比一般顺磁材料大几十倍(尽管如此,其磁化率仍较原来体相铁磁性物质的磁化率小得多)。微粒呈现超顺磁性还与温度有关,温度越高越易出现超顺磁性,对一定直径的微粒,其铁磁性转变成超顺磁性的温度常记为 $T_B$,称为转变温度;转变温度以下时,该颗粒将不表现为超顺磁性(仍表现为铁磁性)。临界尺寸与温度有关,温度越低临界尺寸越小(因其热运动能小),例如球状铁粒在室温的临界半径为 12.5 nm,而在 4.2 K 时半径为 2.2 nm,还是铁磁性的。

当将铁磁体做成微粒状或通过沉淀法得到极细粒子时(超顺磁性临界尺寸以下,对于 $Fe_3O_4$ 为 10~16 nm),该粒子自发磁化本身做热振动,产生郎之万顺磁性(自旋之间无相互作用,自由地进行热振动的现象)。基本特征是,在外磁场下各磁畴定向排列,撤去磁场无任何磁滞,此时微粒尺寸减小到其各向异性能与热运动能相当,整个微粒不再沿一个固定的易微化方向自发磁化,而处于无序状态。

### 1.2.1.5 磁化率

磁化率,表征磁介质属性的物理量。如果将每个纳米颗粒内部的电子当做一个整体,那么它们的数目非奇即偶。纳米材料磁性能的温度特点与电子数目的奇偶性有很大关系。当颗粒内部的电子数为非偶数时,磁性关系适用于居里 - 外斯定律:

$$\chi = C / (T - T_c)$$

式中,$C$ 为居里常数;$T$ 为材料的温度;$T_c$ 为材料居里温度。当颗粒内电子数为偶数时,其磁化率 $x \propto k_B T$,并服从 $d^2$ 规律。它们在高的磁场下表现为超顺磁性。

20 世纪 80 年代随着纳米科技的发展,磁学与纳米技术结合诞生了一种新型纳米材料——磁性纳米材料,即尺寸限度在 1 ~ 100 nm 的准零维超细微粉、一维超细纤维(丝)或二维超薄膜或由它们组成的固态或液态的磁性材料。由于具有高的比表面积和独特的光、电或吸附等性能,纳米材料在催化、传感、生物医药等领域有很多的应用报道。但是,由于纳米材料粒径很小,使用后难以分离回收,容易对机体、环境造成危害或二次污染。而磁性纳米材料不仅具有纳米材料特有的小尺寸效应、表面效应等优点,还具有不同于常规材料的超顺磁性,能够在外加磁场的辅助下轻易地实现分离回收,避免了材料的浪费以及可能造成的危害和污染。因此,磁性纳米颗粒及其复合材料在催化、生物分离、靶向给药、磁共振成像和分析化学等领域具有广阔的应用前景。

### 1.2.2 磁性材料

我们把顺磁性物质和抗磁性物质称为弱磁性物质,把铁磁性物质和亚铁磁性物质称为强磁性物质,反铁磁性物质则在任何情况下都不表现出宏观磁性(但微观上是有磁性的)。通常所说的磁性材料是指强磁性物质。磁性材料按磁化后去磁的难易可分为软磁性材料和硬磁性材料,容易去掉磁性的物质称为软磁性材料,不容易去磁的物质称为硬磁性材料。一般来讲,软磁性材料剩磁较小,硬磁性材料剩磁较大(剩磁是某些能被感应出磁性的物体如钢或磁合金等在外界磁场消除后保留的磁性)。软磁性和硬磁性都属于强磁性物质,铁磁性物质多属于硬磁性材料,所有亚铁磁性物质均属于软磁性材料。所以,磁性材料是由铁磁性物质或亚铁磁性物质组成的、具有磁有序的强磁性物质,广义上还包括可应用其磁性和磁效应的弱磁性及反铁磁性物质。

#### 1.2.2.1 磁性材料的概念

磁性通常是指磁体具有的吸引铁、钴、镍等金属的性质。磁体是指具有磁性、能产生磁场的物体。磁铁矿、磁化的钢、有电流通过的导体以及地球、太阳和其他恒星等许多天体本身都是磁体。一般把磁体能够产生磁性作用的空间称为磁场,而物理学上,磁体周围的空间具有特殊物理性能,这个空间被称为磁场。磁场具有作用力、动量和能量等物理属性,因此是物质存在的特殊形式之一。整个地球的内外空间都有磁场存在,指南针能指南就是在地球磁场的磁力下而发生的定向作用。

磁性材料在日常生活中特指永磁性材料或称硬磁性材料,如磁铁等。永磁性材料可以直接表现出宏观磁场(指无外磁场等作用),对其他磁性材料(硬磁或软磁)产生作用。永磁性材料的直接宏观磁性,既可以是自发磁化而获得,也可以是外磁场去除后保留的磁性(即较大剩磁)。从物质结构和磁感应角度上讲,磁性材料是指由过渡元素铁、钴、镍及其合金等组成能够直接或间接产生宏观磁性的物质。

### 1.2.2.2 磁性的来源

磁性是物质的基本属性之一,一切物质都具有磁性。物质的磁性起源于物质内部基本粒子的自旋和公转。物质存在的方式是运动(当物质全部以光子等基本粒子的形式运动时就全部转化成能量),所有的物质都在做着永不休止的运动,其内部的基本粒子都有自旋和公转,因此,任何物质都是有磁性的。但由于微观结构的原因,有些物质表现为宏观磁性,另一些物质则不表现宏观磁性。追根究底,磁有两种源头:产生于电子运动的电子磁矩和起源于原子核运动的核子磁矩。核子磁矩较小,为电子磁矩的几千分之一,故可忽略不计。电子的运动分为电子自旋和绕核旋转,相应地,电子磁矩有自旋磁矩和轨道磁矩。轨道磁矩的方向不断变化,对外没有磁性作用,因此物质的(宏观)磁性主要由自旋磁矩(内秉磁矩)引起。通常内秉磁矩随机取向而相互抵消,物质就不会表现出显的磁性,但是有时候或许是自发性效应,或许是由于施加了外磁场,物质内的电子磁矩会整齐地排列起来。这一动作很可能会造成强烈的净磁矩与净磁场,即产生宏观的磁性。

### 1.2.2.3 磁性材料分类

从实用的观点出发,磁性材料可以分为以下几类。

(1)软磁材料。

矫顽力很低,因而既容易受外加磁场磁化,又容易退磁,这样的材料称为软磁材料。软磁材料制造的设备与器件大多数是在交变磁场条件下工作的,要求其体积小、重量轻、功率大、灵敏度高、发热量小、稳定性好、寿命长。

（2）永磁材料。

永磁材料又称硬磁材料,这类材料经过外加磁场磁化再去掉外磁场以后能长时期保留较高剩余磁性,并能经受不太强的外加磁场和其他环境因素的干扰。因这类材料能长期保留其剩磁,故称永磁材料;又因具有较高的矫顽力,能经受不太强的外加磁场的干扰,又称硬磁材料。

（3）磁记录材料。

磁记录材料是磁记录技术所用的磁性材料,包括磁记录介质材料和磁记录头材料(简称磁头材料)。在磁记录(称为写入)过程中,将声音、图像、数字等信息转变为电信号,再通过记录磁头转变为磁信号,记录磁头便将磁信号保存(记录)在磁记录介质材料中。

（4）磁致伸缩材料。

磁性材料由于磁化状态的改变,长度和体积都会发生微小的变化,这种现象称为磁致伸缩。具有磁致伸缩效应的材料称为磁致伸缩材料。大多数材料的磁致伸缩系数较小。与热膨胀系数相当,一直以来没有应用。20世纪40年代至今,随着具有大磁致伸缩系数的材料和超磁致伸缩材料的开发,磁致伸缩材料逐渐进入实用阶段。具有实用价值的磁致伸缩材料通常也是软磁材料,同时还应具有以下特性:磁致伸缩系数大、响应快、低驱动场和高居里温度等。

（5）磁性液体。

磁性液体是一种新型的功能材料,它既具有液体的流动性又具有固体磁性材料的磁性。它是由直径为纳米量级(10 nm以下)的磁性固体颗粒、基液以及界面活性剂三者混合而成的一种稳定的胶状液体。该流体在静态时无磁性吸引力,当外加磁场作用时,才表现出磁性。用纳米金属及合金粉末生产的磁流体性能优异,可广泛应用于各种苛刻条件下的磁性流体密封、减震、医疗器械、声音调节、光显示、磁流体选矿等领域。

（6）磁热效应材料。

磁热效应材料是利用磁热效应达到制冷目的的材料。铁磁性或亚铁磁性材料及磁有序材料在磁场作用下,磁性物质的磁矩将会沿磁场方向排列整齐,磁熵减小,而使磁体的热量释放出来。若除去磁场,磁矩又将混乱排列,磁熵增加,将吸收周围环境的热能,使环境温度下降。如采用一种合适的循环,就可以降低磁体所处的环境温度。

（7）自旋电子学材料。

自旋电子学研究自旋极化电子的输运特性,通过在电子电荷的基础上加上自旋自由度,可以通过自旋来控制电子的诸多光电行为,是传统的通过电荷控制电子的有效互补手段。自旋电子器件相比于传统的电子器件,具有存储速度快、存储密度大、信息不易丢失、功耗少、体积小等优点,同时自旋作为一个动力学参数,是量子力学固有的量子特性,将会导致新的自旋电子学量子器件的诞生。

# 1.3 磁性纳米材料的性质及分类

## 1.3.1 磁性纳米材料特性表征

当材料进入纳米尺度时,其表面和量子隧道等效应引发结构和能态的变化,产生了许多独特的光、电、磁、力学等物理化学特性,并具有极高的活性,从而导致纳米磁性材料拥有一些特殊的纳米物性。

### 1.3.1.1 几何形状

尺寸和形状是决定磁性纳米颗粒(MNP)物理稳定性的关键特征。尺寸会强烈影响颗粒的磁矩,进而影响整个磁场。例如,磁化测量已经表明,氧化铁颗粒的饱和磁化强度随着尺寸的降低而降低。颗粒粒径的降低导致表面积的增加,并会对颗粒的非结晶性质产生重要影响,最后影响磁矩。然而,磁性纳米颗粒在非常低的尺寸范围内可以展现超顺磁性,相比于顺磁材料,其具有更大的磁化能力,粒径也可以用来描述铁氧化物的磁共振成像信号,最终影响诊断质量。

氧化铁颗粒的大小和形状主要通过高分辨率的透射电子显微镜（HRTEM）和场发射扫描电子显微镜（FESEM）表征。这些技术能够解析纳米颗粒中的原子排列情况，因而可以用于调查纳米粒子界面结构。其他附加技术通常用于颗粒平均尺寸和尺寸分布的确定，如光子相关光谱（PCS，也称为动态光散射，DLS）、准弹性光散射（QELS）、X 射线衍射和穆斯鲍尔光谱等。

### 1.3.1.2 结构

铁氧化物磁特性由适当的矿物纯度和结晶度决定。纳米粒子结构主要通过 X 射线衍射（使用常规和同步加速器辐射源）、热分析、穆斯鲍尔光谱和红外光谱技术进行阐述。然而，这些方法通常需要干燥的样品，其可导致不可逆的颗粒聚集。因此，所获得的结果不能准确地反映该类物质用于液体分散体系的特性。上述问题可以通过把颗粒作为液体悬浮液表征来得到解决，技术方法有：小角度 X 射线散射（SAXS）、小角度中子散射（SANS）、角散射 X 射线衍射（ADXD），或能量分散型 X 射线衍射（EDXD）。在某些情况下，高分辨率的透射电镜（HRTEM）也被用于调查氧化铁颗粒的晶体结构（晶格空位和缺陷、晶格条纹特性、滑移面、螺旋轴）。这些表征技术的组合使用可以分析晶体结构的低序磁系统，如超顺磁性氧化铁纳米颗粒 SPIONs（平均粒径 <20 nm），尽管立方晶胞单元数量有限。

氧化铁和有机分子形成的复合颗粒结构，如配体以及复合颗粒中氧化铁核心和相关的分子结构之间的相互作用（例如，化学联合和 / 或物理吸附），可以通过热重及差示扫描量热分析（TGA）、差示扫描量热（DSC）进行研究，并通过与傅立叶变换红外光谱（FTIR）和静态二次离子质谱（SSIMS）的数据耦合进一步分析。而氧化铁核心表面吸附有机 / 无机部分的机理可以通过电导测量和吸附等温线进一步分析。

原子力和化学力显微镜（AFM 和 CFM）技术可以研究 IONPs 表面涂层材料的形态变化，在这种情况下，通过评价涂层材料电势（$\zeta$）可以确定电泳迁移率（$u_e$），而界面张力测量（接触角技术）可用于考察涂覆

磁性颗粒界面的亲水特性。

### 1.3.1.3 表面电荷

对于静脉注射,磁性纳米颗粒(MNP)面临弱碱性 pH(pH=7.4)和相对高的离子强度(~140 mEq/L)。该条件下,磁吸引力通常会导致颗粒聚合(主要由范德华力和/或磁偶极子-偶极子吸引作用),因此,磁性颗粒核壳稳定性需要通过以下方式防止聚合:第一,带电表面的静电排斥;第二,亲水粒子-粒子相互作用;第三,颗粒表面存在一个适当的外壳(立体屏障)。

一般来讲,当固体粒子与电解质水溶液接触时会获得表面电荷。电中性要求颗粒周围通过离子分布进行电荷补偿,从而形成双电层。不幸的是,通过实验很难获得 MNP 的表面电荷。在一定程度上,这个问题可以通过使用基于动电现象的实验方法来解决。这些技术依赖于这一假设,即靠近固/液界面存在一个理想的表面,其可以起到分离附着在颗粒表面的双电层区(剪切层)与可以通过施加外场产生相对移动的区域(扩散层,其涉及胶体的稳定性,特别是悬浮颗粒流体运动)的作用。该平面上的电势通常命名为 Zeta 电位($\zeta$),它是关于表面电荷密度、剪切面的位置和表面结构的函数,并且可以显著地影响颗粒核壳的稳定性。

Zeta 电位可以间接通过实验技术来计算(流动电流或电位、电泳迁移率和电导率),现多用超声技术替代这些方法,不但有利于直接表征浓缩的样品,而且不需要稀释处理。但是,现已经证明,利用不同的技术测定同样表面电荷 $\zeta$ 值是难以相比的,而这些技术的标准化也很难实现。

在上述方法中,通常使用的方法涉及测量电泳迁移率($u_e$),一般认为,$\zeta$ 数据可通过 Smoluchowski 方程计算 $u_e$ 得到。不幸的是,尽管事实上这个方程具有较大的适用范围,但它不能应用于小颗粒,即 SPIONs 或高表面电位。现虽有其他通过 $u_e$ 计算 $\zeta$ 的替代方程被提出来,然而 $\zeta$ 数据的一致性仍取决于这些方程系统的适用性。举例来说,亨利方程可以打破尺寸的限制,但仍然只适用于低电势;相反,O'Brien

和 White 理论已经很好地解决这一问题,即使面临高表面电位。此外,Ohshima 提出的理论也可以解析覆盖大部分电现象中 $u_e$ 计算 $\zeta$(颗粒大小和表面电位)的问题。

Zata 电位同样适用于磁性核表面涂覆有机或无机壳的纳米复合材料。$\zeta$ 适用于评价铁氧化物或铁粒子表面可生物降解聚合物和油脂系统的涂层。在其他实例中,$\zeta$ 同样可以评价磁性药物载体,通过 $\zeta$ 可以对磁性载体后续载药进行定性,这主要由于电动测定的灵敏度可以反映物质表面浓度微小变化引起的电荷产生,在这种情况下,药物分子需要具备电荷,以达到联合磁性粒子的目的。

### 1.3.1.4 表面热力学

颗粒的浸润性和粒子在水溶液中相互作用的现象决定了 MNPs 保持分散的趋势或通过减少它们的界面面积可使其聚集的特性。在水溶液介质中,疏水的磁性颗粒会趋向于相互吸引,因为疏水性引力,亲水性则将使其有更好的热力学稳定性。使用著名的 OSS 模型可以轻松地将这样的界面相互作用量化,这个模型用于确定的一个磁性纳米材料的表面自由能成分,将有利于其在水悬浮液中的热力学稳定性的量化(基于浸润性考虑)。事实上,这些组分可以通过实验确定,比如,通过接触角的测量。了解这些量有助于对磁性粒子间的范德华力进行评价,如果范德华力与相对斥力不平衡,则会降低它们的絮凝能力。如果疏水性聚合发生,固体 / 液体界面消失,单位面积表面自由能改变量($\Delta G_{SLS}$)将为负值。相反,亲水斥力与 $\Delta G_{SLS}$ 的正值相关,意味着磁性颗粒往往保持分散状态。

在电泳测量的情况下,磁性粒子的热力学分析将对有机或无机材料的纳米颗粒的表面性状有着很大的体现。事实上,接触角测定已经显示当疏水性壳(由可生物降解的聚合物制成或脂质)涂于磁芯表面上,磁性颗粒间的表面自由能会改变。例如,表面疏水性涂层应导致磁性颗粒从亲水性氧化铁转变为疏水性复合材料(芯 / 壳)。

最终,亲水 / 疏水性的磁性颗粒进一步确定其与等离子蛋白(调理过程)在生物条件下的相互作用。一般情况下,这个过程相对于亲水性颗粒来说,疏水性颗粒的反应速度更快。这也进一步强调了表面特性对于 MNPs 表面热力学的重要性。

### 1.3.1.5 胶体稳定性

胶体在水环境中的稳定性对纳米颗粒在医学领域的应用至关重要。由于适中的平均密度,纳米颗粒在血液流动中的重力沉降可以忽略不计。在不施加外加磁场的情况下,粒子的稳定性主要取决于磁性粒子之间引力(范德华力)和排斥力(空间位阻和静电作用力)的平衡作用。引力取决于粒子性质,而粒子间的静电作用力对外部实验参数变化敏感。两种力量均可以通过适当的磁粒子组装调控得以控制。

具体地说,为了避免粒子在体外和体内发生聚合,需要采取以下措施:①发挥所吸附生物相容材料(如聚乙二醇和右旋糖酐)的静电斥力和空间阻力优势,使粒子免受范德华力作用而发生不可逆聚合。②粒子的剩余磁化几乎是可以忽略不计的。当足够多的稳定剂附着于粒子表面时,即便在较高浓度电解质和广泛的 pH 值条件下,位阻稳定作用也能为纳米粒子的稳定提供有效保障。着眼于第二种措施,这便意味着磁性颗粒是超顺磁性的或者是软铁(或铁)磁性材料。因此,典型用于药物运输的纳米颗粒(例如 $Fe_3O_4$、a-$Fe_2O_3$)多具有较窄的磁滞回线和残留磁性,尽管其为多维微粒子(直径 $\geq$ 50 nm)。

评价胶体稳定性的方法是采用动态光散射技术评价水动力学粒子尺寸随时间的演变,例如以离子强度和 pH 为函数,也可以通过浊度测定的方式检测纳米颗粒的聚合动力学来评价纳米颗粒的稳定性。

然而,由于动态光散射技术偏向于超重大颗粒的测定,因此需选择适当的实验参数设置(如散射光角度通常为 90°,但也可以变动;测量延迟,尤其针对不同组的比较测定)。

除上所述,纳米材料的热学、相变、能带结构、光学特性等方面的性质也发生了显著变化,出现了许多全新的现象,如熔点、热容、相变温度和压力的反常降低和升高等。

### 1.3.2 磁性纳米材料的分类

磁性纳米材料主要包括由铁、钴、镍等金属单质及其合金(如 Fe-Co, Ni-Fe 等),这些磁性原子的氧化物,如磁铁矿($Fe_3O_4$)、赤铁矿($\tilde{a}$-$Fe_2O_3$)和某些过渡金属的铁氧化合物 $MFe_2O_4$(M=Co、Cu、Mn、Ni、Zn 等)。而 $Fe_3O_4$ 磁性纳米材料是磁性纳米材料中非常重要的一种功能材料,其应用涉及电子、信息、环境、交通、生物及医学等领域。

表 1-1 为常见的磁性纳米材料在温度 298 K 时的饱和磁化强度($M_s$)。金属单质 Co 和 Fe 的饱和磁化强度值较高,Ni 单质及其金属氧化物的饱和磁化强度值相对较低,介于 270~500 eum/$cm^3$ 之间。由于 Fe、Co、Ni 等磁性金属单质在空气中易被氧化,并生成 CoO 和 FeO 等反铁磁性的物质,因此对金属材料的磁性起副作用;而且,磁性金属单质的制备条件也十分苛刻,这些因素都在一定程度上限制了磁性单质的实际应用。而铁的氧化物($Fe_3O_4$, $\gamma$-$Fe_2O_3$ 等)由于具有较高的磁性、良好的生物相容性、较低的毒性及简单易控的制备条件等优点,成为目前应用最为广泛的磁性纳米材料。

表 1-1　常见磁性纳米材料在温度 298 K 时的饱和磁化强度

| 纳米材料 | Fe | Ni | Co | $\gamma$-$Fe_2O_3$ | $Fe_3O_4$ | CoO·$Fe_2O_3$ | NiO·$Fe_2O_3$ |
|---|---|---|---|---|---|---|---|
| $M_s$/(eum·$cm^{-3}$) | 1 700~1 714 | 485 | 1 400~1 422 | 394 | 480~500 | 400 | 270 |

## 1.4　磁性纳米材料的研究及应用进展

近代,电力工业的发展促进了金属磁性材料——硅钢片(Si-Fe 合金)的研制。永磁金属从 19 世纪的碳钢发展到后来的稀土永磁合金,性能提高 200 多倍。随着通信技术的发展,软磁金属材料从片状改为丝状再改为粉状,仍满足不了频率扩展的要求。20世纪40年代,荷兰的J·L·斯诺伊克发明电阻率高、高频特性好的铁氧体软磁材料,接着又出现了价格低廉的永磁铁氧体。20世纪50年代初,随着电子计算机的发展,美籍华人王安首先使用矩磁合金元件作为计算机的内存储器,不久被矩磁铁氧体记忆磁芯取代,矩磁铁氧体记忆磁芯在20世纪60—70年代曾对计算机的发展起到了重要的作用,并且发现铁氧体具有独特的微波特性,制成一系列微波铁氧体器件。压磁材料在第一次世界大战时就已用于声呐技术,但由于压电陶瓷的出现,使用有所减少。后来又出现了强压磁性的稀土合金。非晶态(无定形)磁性材料是近代磁学研究的成果,在发明快速淬火技术并于1967年解决了制带工艺后,走向了实用化。[16]

永磁材料有多种用途,基于电磁力作用原理的应用主要有扬声器、话筒、电表、按键、电机、变压器、继电器、传感器及开关等;基于磁电作用原理的应用主要有磁控管和行波管等微波电子管、显像管、钛泵、微波铁氧体器件、磁光盘、磁记录软盘、磁阻器件及霍尔器件等;基于磁力作用原理的应用主要有磁轴承、选矿机、磁力分离器、磁性吸盘、磁密封、磁黑板、玩具、标牌、密码锁、复印机及控温计等,其他方面的应用还有磁疗、磁化水及磁麻醉等。

根据使用的需要,永磁材料可以有不同的结构和形态。有些材料还有各向同性和各向异性之别。

磁性材料是生产生活、国防科学技术中广泛使用的材料,主要是利用其各种磁特性和特殊效应制成元件或器件,用于存储、传输和转换电磁能量与信息,或在特定空间产生一定强度和分布的磁场,有时也以材料的自然形态而直接利用(如磁液)。例如,用于电力技术中的各种电机、变压器,电子技术中的各种磁性元件和微波电子管,通信技术中的滤波器和增感器,国防技术中的磁性水雷、电磁炮以及各种家用电器等的制造。此外,磁性材料在地矿探测、海洋探测以及信息、能源、生物、空间新技术中也获得了广泛的应用。

# 参考文献

[1] 唐祝兴 . 新型磁性纳米材料的制备、修饰及应用 [M]. 北京：机械工业出版社,2016.

[2] 张金升 . 纳米磁性液体的制备及其性能表征 [M]. 哈尔滨：哈尔滨工业大学出版社,2017.

[3] 洪若瑜 . 磁性纳米粒和磁性流体制备与应用 [M]. 北京：化学工业出版社,2009.

[4] 张立德 . 纳米材料 [M]. 北京：化学工业出版社,2000.

[5] 张志焜,崔作林 . 纳米技术与纳米材料 [M]. 北京：国防工业出版社,2000.

[6] 李玲,向航 . 功能材料与纳米材料 [M]. 北京：化学工业出版社,2002.

[7] 李相银 . 激光原理技术及应用 [M]. 哈尔滨：哈尔滨工业大学出版社,2004.

[8] 许并社 . 纳米材料及应用技术 [M]. 北京：化学工业出版社,2004.

[9] 刘公强,乐志强,沈德芳 . 磁光学 [M]. 上海：上海科学技术出版社,2001.

[10]Paroli P. Magneto-optical devices based on garnet films[J]. Thin Solid Films,1984,114：187-219.

[11]Dotsch H, Hertel P. Applications of magnetic garnet films in integrated optics[J].IEEE Trans Magn,1992,28（5）：2979-2984.

[12] 郑建洲 . 近代物理实验 [M]. 北京：科学出版社,2016.

[13] 徐龙道 . 物理学词典 [M]. 北京：科学出版社,2004.

[14] 杨亚玲,李小兰,杨德志,等. 磁性纳米材料及磁固相萃取技术[M]. 北京:化学工业出版社,2020.

[15] 周光照. 中国大百科全书 物理学 第 2 版 [M]. 北京:中国大百科全书出版社,2009.

[16] 中国大百科全书总编辑委员会《电子学与计算机》编辑委员会,中国大百科全书出版社编辑部. 中国大百科全书 电子学与计算机 1-2[M]. 北京:中国大百科全书出版社,1986.

# 第 2 章

## 磁性纳米材料的制备及表征技术

随着磁性纳米材料的广泛应用,越来越多的研究开始致力于磁性纳米材料的发展,探索磁性纳米材料内在性质。由于磁性纳米材料的成分决定了其在实际应用中的相容性和适用性,磁性纳米粒子的制备方法也是研究者们的研究重点,本章主要介绍磁性纳米材料的制备及表征技术。

## 2.1 磁性纳米材料的制备方法

磁性纳米材料的制备方法一般可分为物理法、生物法和化学法。物理法制备磁性纳米颗粒主要为球磨法,该方法将微米级别的粒子进行长时间的研磨,然后分散到油基介质中而得,其耗时成本高,尺寸可控性较差。而通过生物法可以得到粒径均一而且形貌规整的磁性纳米粒子。但该方法的缺点是细菌培养困难,粒子提取过程比较烦琐,同时所得粒子的粒径可控范围容易受限制。而化学法由于操作简单、实验过程可控成为研究热点。[1]

### 2.1.1 电子束光刻技术

电子束曝光可将铁粒子转化为铁氧化物，即 $Fe_3O_4$。电子束以图案的形式发射在覆盖着一层铁粒子的表面，从而形成了纳米尺寸的铁氧化物纳米颗粒。

### 2.1.2 气相沉积法

气相沉积合成过程是依托金修饰氧化铝为基板，通过气体的裂解、几种气体间的相互反应等方式，逐渐生长出形成一维结构的铁氧化物纳米结构。基底上金颗粒的存在催化了铁氧化物纳米颗粒一维空间生长。在低压下，$Fe^{3+}$ 发生热分散，局部的 $Fe^{3+}$ 降低转化为 $Fe^{2+}$，当温度升高时，其形成纳米结构的 $Fe_3O_4$ 层。

### 2.1.3 溶胶凝胶法

溶胶凝胶法是一种湿化学方法，与各种有机或者无机化合物在溶液中均匀混合，结合水解、缩聚等化学反应，在溶液中逐渐凝溶胶体系，经干燥等手段使其变成凝胶，再将得到的凝胶进行焙烧等处理从而得到纳米材料。通过调节羟基化、聚合条件和生长过程的动力学条件能够很容易控制凝胶的特性和结构。尤其是 pH 值、温度、盐前体性质和浓度、溶剂的性质等均影响合成过程。溶胶 - 凝胶法具有反应温度低（能耗低）、成本低廉、产物粒径小、粒度和晶型可控等特点。

通过在液相中加入表面活性剂能够优化合成过程，充分控制晶核的形成和晶体的生长，避免不溶性金属的聚合，使得到的纳米颗粒分散稳定。然而，使用表面活性剂虽然没有改变晶体的结构，但可能改变纳米颗粒的形貌和表面电荷。此外，使用多元醇（如乙烯乙二醇、聚乙二醇、丙二醇等）能够控制粒子的生长，以确保纳米颗粒的结晶度，防止颗粒间的聚合。实际上,将金属前体分散悬浮于多元醇中,不断搅拌加热至沸腾,即可生成纳米颗粒。

### 2.1.4 氧化法

氧化法是一种合成小尺寸铁氧化物胶体(如 $Fe_3O_4$)的湿化学制备方法,其通过氢氧化铁凝胶结晶获得,其中部分氢氧化铁来自于不同试剂(如硝酸根离子)对氢氧化亚铁的氧化作用。例如,在 90 ℃条件下,通过氧化硝酸铁溶液中 $Fe_3O_4$ 纳米颗粒能够合成单分散 $\gamma$-$Fe_2O_3$ 纳米颗粒。

### 2.1.5 化学共沉淀法

液相中的共沉淀过程是合成超顺磁铁氧化纳米颗粒(颗粒平均小于 50 nm)的最简单、高效的化学反应路径。

该方法基于单相液体介质的化学反应,可控制核和氢氧化铁晶核生长过程。合成过程通常是把 $Fe^{2+}$ 和 $Fe^{3+}$ 的氯化物或硅酸盐溶液按照一定的比例混合,在一定的温度、pH 值的条件下,加入过量的 $NH_4OH$ 或 $NaOH$ 碱性沉淀剂,经高速搅拌和沉淀后,生成氢氧化铁和氢氧化亚铁。然后,凝胶状的氢氧化铁沉淀经由磁分离或离心分离后,经酸处理得到静电稳定磁流体。另外,在适当的表面活性剂(如油酸)存在下,加热铁氢氧化物沉淀至稳定,得到四氧化三铁或其他铁酸盐。相应的化学反应方程式为

$$Fe^{2+}+2Fe^{3+}+8OH^- \rightarrow Fe_3O_4+4H_2O$$

根据化学计量在水介质中加入混合亚铁盐和铁盐,在其他实验条件下[如离子强度和溶液 pH 值、氧气的存在、加入剂量、盐的性质(高氯酸盐、氯化物、硫酸盐、硝酸盐)、温度、碱的性质和浓度、表面活性剂的性质],可以得到直径适当、具有相应磁性和表面特性的氧化铁颗粒。

### 2.1.6 水热合成法

水热合成法(溶剂热法)是在特制的密闭反应容器中,以水为主要介质,通过加热创造一个高温高压的反应环境,其中,高温可以促进晶核的快速形成,使粒子更快生长,形成小尺寸的纳米颗粒。水热合成法制备纳米颗粒主要分为两个阶段:第一阶段,水解和氧化;第二阶段,混合金属氧化物的中和。水热合成技术能够控制优化实验参数,如反应时间、温度、反应物浓度、溶剂性质、反应物、混合强度及晶种等。

### 2.1.7 电化学法

电化学方法在氧化条件下也可以用于合成铁氧化物纳米颗粒(IONPs)。例如,以铁电极作为阳极,以钳电极作为阴极,以溶解有四辛基溴化铵的 N, N- 二甲基甲酰胺溶液作为电解液,通过电化学法制备粒径为 3 ~ 8 nm 的 $\gamma$ -$Fe_2O_3$ 和 $Fe_3O_4$ 纳米颗粒。最后,通过阳离子表面活性剂,得到稳定的纳米颗粒。粒子大小可以通过电流的变化来控制。

### 2.1.8 超临界流体法

超临界流体法提供了一个几何结构可控的制备氧化铁纳米颗粒的技术。超临界流体技术主要影响因素为压力和温度。用于超临界流体法合成纳米粒子的材料包括:三氟甲烷、丙酮、二氧化碳、二乙醚、丙烷、一氧化二氮和水。然而,二氧化碳超临界流体因其具有无毒、不助燃、反应条件温和等优点而在制药领域得到了广泛的应用。另外,超临界水也应用于 $\gamma$ -$Fe_2O_3$ 和 $Fe_3O_4$ 纳米颗粒的制备。采用该方法的制备压力和温度分别为 22.11 MPa 和 374.3 ℃。

采用超临界流体法制备铁氧化物纳米颗粒可以避免使用有机溶剂,因此这是一个绿色的化学制备方法。这种技术可以通过调整反应物(如硝酸铁）与表面改性剂（如癸酸、OA 或正己醛）之间的摩尔比例有效控制颗粒尺寸。

### 2.1.9 纳米反应器合成

纳米反应器在合成磁性纳米粒子时能很好地控制反应维度。在密闭的空间环境下，可以很好地控制粒子的生长。例如，水油乳剂用于合成的纳米颗粒尺寸分布窄，且具有特殊的物理特性，这个模板是由内部水相乳液分散良好的纳米液滴形成，并通过表面活性剂加以稳定。这种技术的主要优势是可以通过调解内部水滴的直径、pH 值、表面活性剂种类、反应物浓度和金属离子类型来精确控制纳米粒子的大小。获取精确尺寸的氧化铁纳米粒子方法包括使用两性表面活性剂、环糊精聚合物、磷脂膜囊泡和去铁蛋白作为材料支撑。这种方法还可以制备铁、铁酸盐、铁合金和贵金属涂层的纳米颗粒，为了防止核心氧化，将其表面进行功能化包覆进一步扩展了其在生物医学方面的应用。

## 2.2 磁性纳米材料特性表征技术与测试设备

### 2.2.1 透射电子显微镜

望远镜和显微镜是人类认识宏观世界和微观世界不可缺少的重要工具。传统的光学显微镜的最大分辨率为 250 nm，超出这个范围，不同样品的特征就不能被区分开来。由于磁性流体中纳米粒的粒径通常在 8 ~ 10 nm，所以，只有电子显微镜才能观察到。

人们发明的第一种显微镜是光学显微镜，利用它可以分辨微米（$10^{-6}$ m）范围内的物体。光学显微镜使用可见光做光源，用玻璃透镜来聚焦光和放大图像，所以光学显微镜的分辨本领受波长的限制，极限分辨率为 200 nm,光学显微镜的发明和利用促进了电子显微镜的发明和应用。电子显微镜使用高能量的加速电子做照明源,使用电磁线圈来聚焦成像,所以电子显微镜可以分辨光学显微镜所能分辨的最小物体的 1/1 000 的物体。

透射电子显微镜工作原理:由钨丝阴极在加热状态下发射电子。在阳极加速电压的作用下,经过聚光镜(电磁透镜)会聚为电子束照明样品。穿过样品的电子束携带了样品本身的结构信息经过物镜,在其像平面上形成样品相貌放大像,然后再经过中间镜和投影镜的两次放大,最终形成三级放大像,以图像或衍射谱(衍射花样)的形式显示于荧光屏上,或被记录在照相底片上,或直接保存在计算机硬盘中。透射电镜的结构由电子光学系统(镜筒)、成像系统两个主要部分组成。透射电镜的成像原理可以分为三种情况:吸收像、衍射像、相位像。

透射电子显微镜结构主要由照明系统、成像系统、显像和记录系统、真空系统以及供电系统所组成。下面主要介绍照明和成像系统。

（1）照明系统。

照明系统由电子枪和聚光镜系统组成,其中电子枪是照明系统的核心部分。其功能是为成像系统提供一束平行的、相干的并且亮度大、尺寸小的电子束。

①电子枪。电子枪类似于一个透镜,将从电子源发射的电子流束进行聚焦,保证电子束的亮度、相干性和稳定性。电子枪通常使用 $LaB_6$ 热离子发射源或场发射源,如图 2-1 所示。

②聚光镜系统。聚光镜系统将电子枪发射的电子束会聚到试样上,也就是将第一交叉点的电子束成像在试样上,并且控制该处的照明孔径角和束斑尺寸。一般分辨率在 2～5 nm 的电镜均采用单聚光镜,可以将来自电子枪直径为 100 μm 的电子束会聚成 50 μm 的电子束;而对于分辨率在 0.5 nm 的电镜均采用双聚光镜,可以得到一束直径为 0.4～1.5 μm 的电子束。

双聚光镜系统如图 2-2 所示,第一聚光镜为短焦距的强磁透镜,它将电子枪发射的电子束(第一交叉点像)缩小为 0.3～10 μm,并成像在第二聚光镜的物平面上。第二聚光镜为长焦距的弱磁透镜,它将第一聚光镜会聚的电子束放大 1 ～ 2 倍。

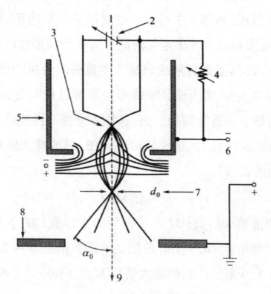

图 2-1　热离子发射源示意图

1—光轴;2—灯丝加热电源;3—灯丝;4—偏压;5—栅极帽;
6—外加电压(kV);7—电子枪交叉点;8—阳极板;9—发射电流

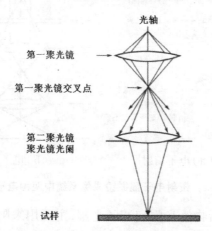

图 2-2　双聚光镜系统

(2)成像系统。

　　放大和聚焦是透射电子显微镜进行成像所涉及的操作,是使用透射电镜最主要的目的,以获得高质量的放大图像和衍射花样,因此成像系统是电子光学系统中最核心的部分。

　　透射电子显微镜的成像系统基本上由三组电磁透镜和两个金属光阑以及消散器组成,如图2-3所示。电磁透镜包括物镜、中间镜和投影镜,主要用于成像和放大。决定仪器的分辨本领和图像的分辨率及衬度的是物镜系统,而其他透镜系统只是产生最终图像所需要的放大倍数。在透射电子显微镜中,物镜、中间镜和投影镜以积木方式成像,即上一透镜的像平面是下一透镜的物平面,这样才能使经过连续放大的像是一清晰的像,如图2-3所示。这种成像方式中,总的放大倍数应是各个透镜放大倍数的乘积,即

$$M = M_o M_i M_p$$

式中,$M_o$ 为物镜放大倍数;$M_i$ 为中间镜放大倍数;$M_p$ 为投影镜放大倍数,其中 $M_o$ 的数值在 50 ~ 100 范围,$M_i$ 的数值在 0 ~ 20 范围,$M_p$ 的数值在 100 ~ 150 范围。总的放大倍数 $M$ 在 1 000 ~ 200 000 内变化。

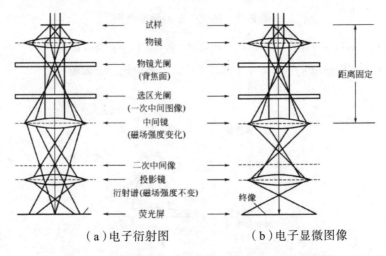

（a）电子衍射图　　　　（b）电子显微图像

**图2-3　透射电子显微镜成像系统中两种电子图像**

　　金属光阑包括物镜光阑和选区光阑,主要用来限制电子束,从而调整图像的衬度和产生衍射图案的图像范围。消像散器主要用于消除由透镜产生的像散。

　　在成像系统中,电子衍射成像和电子显微成像是透射电镜最主要的两种成像方式,下面分别简要介绍。

①选区电子衍射(SAED)。选区衍射是获得电子衍射谱最常用的方法。当电子束照射到晶体样品时,晶体内几乎满足布拉格条件的晶面组($hkl$)将在与入射束成 $2\theta$ 角的方向上产生衍射束。平行电子束会被磁透镜会聚在焦平面上,因此试样上不同晶体面的衍射波将会聚焦到平面上形成相应的衍射斑点,如图 2-4 所示。

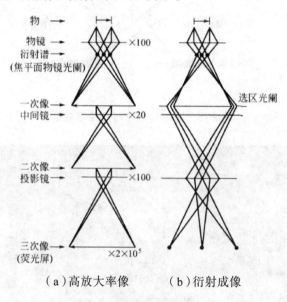

（a）高放大率像　　（b）衍射成像

**图 2-4　透射电镜成像方式**

在图 2-5 中,用一个光阑选择特定试样区域的电子束,只允许通过该光阑的电子被放大投影在荧光屏上,形成此区域的电子衍射谱,这种操作称为选区电子衍射。

由单晶试样衍射得到的衍射谱是对称于中心斑点的规则排列的斑点;电子受到多晶体的衍射,会产生许多衍射圆锥,所以由多晶得到的衍射花样则是以中心斑点为中心的衍射环;由非晶试样得到的衍射谱是以中心斑点为中心的晕环,如图 2-6（a）、（b）、（c）所示。

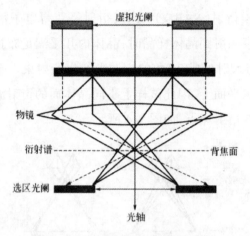

图 2-5　选区衍射花样成像示意图

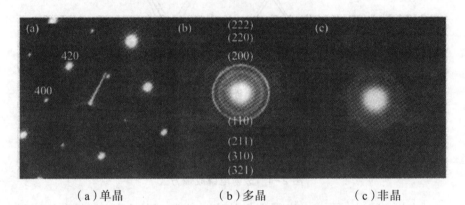

（a）单晶　　　　　（b）多晶　　　　　（c）非晶

图 2-6　选区电子衍射谱图

②明场像与暗场像。在透射电镜中成像时，如果用未散射的透射电子束成像，称为明场像，如图 2-7（a）所示。也可以用所有的电子束或某些电子的衍射束来成像，如图 2-7（b）所示。选择不同电子束用于成像主要是通过移动物镜光阑来实现的。

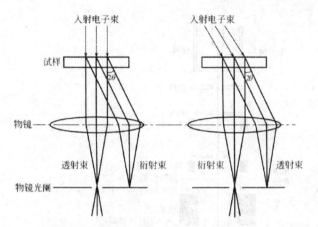

（a）明场像透射电子束成像　　（b）暗场像透射电子束成像

**图 2-7　透射电子束成像**

### 2.2.2 扫描电子显微镜

　　扫描电子显微镜（scanning electron microscopy，SEM）是一种介于透射电子显微镜和光学显微镜之间的观察手段。其利用聚焦的很窄的高能电子束来扫描样品，通过光束与物质间的相互作用，来激发各种物理信息，对这些信息收集、放大、再成像以达到对物质微观形貌表征的目的。与透射电子显微镜比较，扫描电镜具有以下优点：①试样制备简单；②放大倍数高，可从几十倍放大到几十万倍，连续可调，观察样品极为方便；③分辨率高，目前用钨丝灯的 SEM 分辨率已达到 3 ~ 6 nm，场发射源 SEM 分辨率已达到 1 nm；④景深大，景深大的图像立体感强；⑤保真度好，试样通常不需要做任何处理即可直接进行形貌观察。

　　扫描电子显微镜一般由电子光学系统、扫描系统、信号的检测和放大系统、图像的显示与记录系统、真空系统和电源系统组成。图 2-8 为扫描电子显微镜的原理结构示意图。

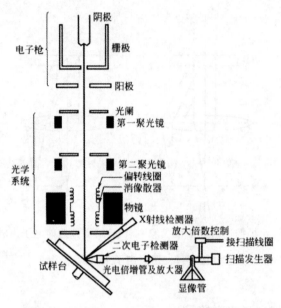

图 2-8　扫描电子显微镜的原理结构示意图

### 2.2.3 X 射线衍射仪

X 射线和无线电波、可见光、γ 射线一样,都属于电磁波。其波长范围在 0.001 ~ 100 nm,介于紫外线和 γ 射线之间,如图 2-9 所示。一般称波长短的为硬 X 射线,反之称软 X 射线。波长越短,穿透能力越强,用于金属探伤的 X 射线波长为 0.005 ~ 0.01 nm 或更短。用于晶体结构分析的 X 射线,其波长约为 0.05 ~ 0.25 nm。

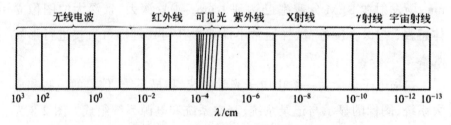

图 2-9　电磁波谱

    X 射线衍射仪主要由 X 射线源、测角仪、辐射探测器及控制计算机组成,如图 2-10 所示。X 射线源一般由 X 射线管、高压发生器和控制电路所组成,图 2-11 是最简单、最常用的封闭式 X 射线管的示意图。测角仪是 X 射线衍射仪中最核心的部件,由光源臂、检测器臂、样品台和狭缝系统所组成,如图 2-12 所示。辐射探测器的作用是使 X 射线的强度转变为相应的电信号,一般采用正比计数管。计数管是 X 射线的探测元件,计数管和其附属电路称为计数器。

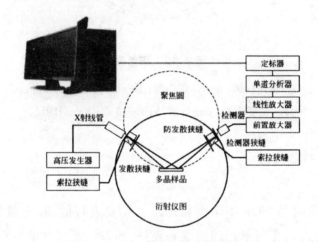

图 2-10　X 射线衍射仪主要结构

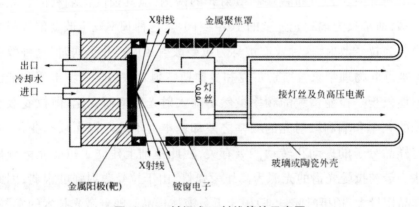

图 2-11　封闭式 X 射线管的示意图

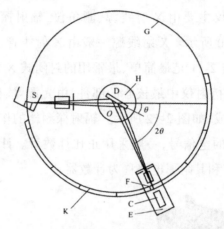

图 2-12　测角仪

G—测角仪圆；S—X 射线源；D—试样；H—试样台；

F—接受狭缝；C—计数器；E—支架；K—刻度尺

## 2.2.4 拉曼光谱

拉曼散射是 1928 年印度物理学家拉曼发现的,在光散射的过程中,除了与入射光频率相同的瑞利光外,还有一系列其他频率的光,这些散射光对称地分布在瑞利散射光的两侧,但其强度比瑞利散射光弱得多,通常只为瑞利光强度的 $10^{-9} \sim 10^{-6}$。这种频率发生改变的散射被命名为拉曼散射,这种效应被称为拉曼散射效应。几乎同时,这种效应也被苏联物理学家兰斯别尔克和曼捷斯特姆及法国学者罗卡德和卡巴尼斯发现。拉曼谱线的频率虽然不随入射光频率而变化,但拉曼散射光的频率和瑞利散射光的频率之差却基本上不随入射光频率变化,而与样品分子的振动和转动能级有关,在此基础上建立了拉曼光谱分析法。最初拉曼光谱的光源为高压汞弧灯,由于拉曼散射强度很弱,因此样品用量大,拍摄时间长,只限于无色液体样品。随着激光技术的发展,拉曼光谱分析逐渐成为分子光谱分析的重要分支,使得激光拉曼光谱有了广泛的应用。激光拉曼光谱以其对水的干扰小、制样简便、信息丰富等优点,广泛应用于陶瓷、半导体、生物分子、高聚物、药物及纳米材料等的分析中。[2]

拉曼光谱作为一种重要的分析方法,具有广泛的应用前景。其特点有:

①扫描范围宽,特别适宜红外不易获得的低频区域的光谱。

②水的拉曼散射较弱,适宜于测试水溶液体系,这对于开展电化学、催化体系和生物大分子体系中含水环境的研究十分重要。

③可用玻璃做光学材料,样品可直接封装于玻璃纤维管中,制作简便。

④选择性高,分析复杂体系有时不必分离,因为其特征谱带十分明显。

⑤由于拉曼光谱是一种光的散射现象,所以待测样品可以是不透明的粉末或薄片,这对于固体表面的研究及固体催化剂性能的测试都有独到的便利之处。

⑥从拉曼光谱的退偏比,能够给出分子振动对称性的明显信息。

⑦拉曼光谱和红外光谱的选律不一样,在分子振动光谱的研究中可以互为补充。

拉曼光谱的纵坐标是散射强度,可用任意单位表示;横坐标是拉曼位移,通常用相对于瑞利线的位移表示其数值,单位为波数($cm^{-1}$)。瑞利线的位置为零点。位移为正数的是斯托克斯线,位移为负数的是反斯托克斯线。由于斯托克斯线和反斯托克斯线是完全对称地分布在瑞利线的两侧,所以一般记录的拉曼光谱只取斯托克斯线。

拉曼光谱和红外光谱都是源于分子的振动和转动,但两种光谱有本质的区别。表 2-1 为拉曼光谱和红外光谱的比较。

表 2-1    拉曼光谱和红外光谱的比较

| 比较 | 红外光谱 | 拉曼光谱 |
|------|----------|----------|
| 光源 | 单色光 | 单色性好,方向性好,亮度高的激光 |
| 样品处理 | 液体:在 NaCl 吸收池中 | 液体:水或重水作溶剂 |
| | 固体:在液体中研磨成糊状进行测量;KBr 压片 | 固体:在液体中研磨成糊状进行测量;KBr 压片 |

续表

| 比较 | 红外光谱 | 拉曼光谱 |
| --- | --- | --- |
| | 气体：长光程的特殊吸收池 | 气体：长光程的特殊吸收池 |
| 样品与光源设置 | 光源、样品、检测系统成180°角 | 一般光源、样品、检测系统成90°，也有成180°、0°角 |
| 研究对象 | 分子的转动和振动能级 | 分子的转动和振动能级 |
| 选择原则 | 分子振动时其偶极矩要有变化，适宜于研究不同原子的极性键 | 振动时极化率必须有变化，适宜于研究同原子的非极性键 |

拉曼光谱是一种研究物质结构的重要方法，特别是对于研究低维纳米材料，它已经成为首选方法之一。纳米材料中的颗粒组元由于有序程度有差别，两种组元中对应同一种键的振动模式也会有差别，对纳米氧化物的材料，欠氧也会导致键的振动与相应的粗晶氧化物不同，这样就可以通过分析纳米材料和粗晶材料拉曼光谱的差别来研究纳米材料的结构和键态特征和定性鉴定等。

### 2.2.5 红外光谱

一定频率的红外光辐照能导致被照射物质分子在振动、转动能级上的跃迁。当分子中某些化学键或基团（具有偶极特性）的振动频率与红外辐射的频率一致时，分子便吸收此红外辐射（一种共振吸收）。若以频率连续改变的红外光辐照试样，由于试样对不同频率的红外光的吸收不同，便得到以吸光度 A 或透光率 T 为纵坐标，红外辐射波数或波长为横坐标的红外光谱图。

目前主要使用色散型红外光谱仪和傅里叶（Fourier）变换红外光谱仪。由于傅里叶变换红外光谱仪具有快速、可靠、方便等优点，因而在大、中型实验室主要使用该类仪器。

红外光谱的一般特点：试样用量少，操作简便，特征性强，测试快速，不破坏试样，能分析各种状态的试样，分析灵敏度不高，定量分析误差较大。

磁性纳米粒表面改性,或称为磁性纳米粒表面修饰,是纳米材料制备与应用中的重要问题,也是纳米材料科学与工程领域十分重要的研究内容。由于纳米粉体粒径小、比表面积大、表面能高、表面原子数增多、原子配位不足及高的表面能,使得这些表面原子具有很高的活性,极不稳定,很容易形成团聚体。这就使得纳米粒不能以单一的纳米粒均匀分散,失去其原有的特性,对纳米粉体的应用性能产生不利的影响。如磁性流体的制备及应用是磁性纳米粒的一个重要用途,一般要求磁性纳米粒粒径在 10 nm 以下,以保证磁性流体在长时间范围内的稳定性,这就需要对其进行表面改性以防止其发生团聚,同时提高磁性颗粒与基液载体的相容性,以获得性能优良的磁性流体。一般可以用红外光谱来表征磁性纳米粒表面改性的效果。

图 2-13 和图 2-14 是 $Fe_3O_4$ 纳米粒用硬脂酸改性前后的红外光谱图。在图 2-13 中可看到 578.8 $cm^{-1}$ 处的吸收峰是 Fe—O 键的特征吸收峰。通过对比两图,图 2-14 中出现了一些新的吸收峰:2 920.4 $cm^{-1}$ 和 2 851.0 $cm^{-1}$ 是 $CH_2$ 的伸缩振动吸收峰,1 431.3 $cm^{-1}$ 是 COO—Fe 键的伸缩振动吸收峰。COO—Fe 键的伸缩振动吸收峰的出现说明了硬脂酸的羟基与 $Fe_3O_4$ 颗粒表面的羟基发生了类似于醇和酸生成酯的反应,硬脂酸成功包覆到了 $Fe_3O_4$ 颗粒的表面。

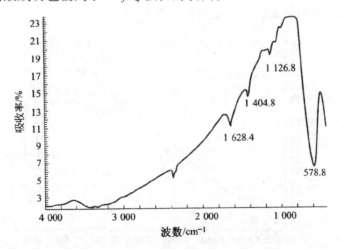

图 2-13  $Fe_3O_4$ 磁性纳米粒的红外光谱

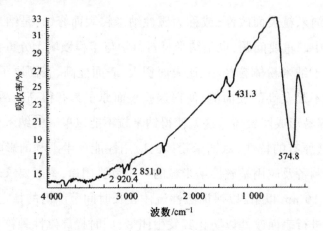

图 2-14 硬脂酸表面改性 $Fe_3O_4$ 磁性纳米粒的红外光谱

图 2-15 和图 2-16 分别是硅烷偶联剂 KH-570 改性后的 $Fe_3O_4$ 颗粒和用丙烯酸接枝聚合后的 $Fe_3O_4$ 颗粒的红外光谱图。与未改性的 $Fe_3O_4$ 粒子的 IR 图相比,用 KH-570 改性后的 $Fe_3O_4$ IR 图中,在 1 404.6 $cm^{-1}$ 处出现了 Si—O 键的伸缩振动吸收峰,1 296.6 $cm^{-1}$ 和 1 071.1 $cm^{-1}$ 处是 C—O 键的伸缩振动吸收峰,1 458.7 $cm^{-1}$ 则是 C—H 键的特征峰,这些特征峰的出现都说明了硅烷偶联剂的存在,表明它已经包覆到磁性粒子的表面。在图 2-16 中,1 705.6 $cm^{-1}$ 和 2 925.0 $cm^{-1}$ 处的新吸收峰分别是 PAA 中 C═O 键和 C—H 键的吸收峰,这表明聚丙烯酸长链的存在,说明聚丙烯酸已经成功接枝到颗粒表面。

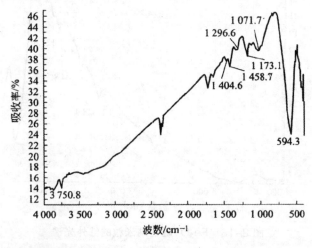

图 2-15 硅烷偶联剂 KH-570 表面改性 $Fe_3O_4$ 磁性纳米粒的红外光谱

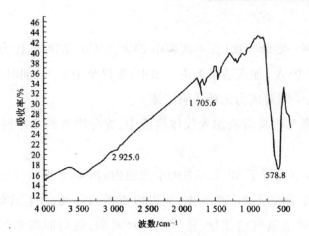

图 2-16　丙烯酸接枝 $Fe_3O_4$ 磁性纳米粒的红外光谱

# 2.3　零维磁性纳米材料的制备与表征

### 2.3.1 溶胶凝胶法制备 CoO 纳米颗粒及性质研究

#### 2.3.1.1 溶胶凝胶法简介

20 世纪 60 年代中期，Lackey 等人用溶胶 - 凝胶法（sol-gel）成功制备了核燃料如 $TnO_2$、$UO_2$ 氧化物球形颗粒,此后该法又被用来制备含铝、钛、锆等的氧化物陶瓷粉料。随后溶胶 - 凝胶法的理论和技术日趋完善。[2]

溶胶 - 凝胶方法一般是指金属的有机或无机化合物均匀溶解于一定的溶剂中形成溶液；然后在催化剂或添加剂的作用下进行水解和缩聚反应,逐渐形成溶胶；溶胶在一定条件的影响下,如温度、搅拌和水解缩聚等,会逐渐变成凝胶；凝胶经过干燥、热处理而形成氧化物或其他化合物固体。

#### 2.3.1.2 CoO 纳米颗粒的制备

（1）称取一定量的 $Co(NO_3)_2 \cdot 6H_2O$ 并溶于去离子水中,得到澄清溶液。

（2）将一定摩尔比（在本实验中 PVA 与 $Co^{2+}$ 的摩尔比为 1∶2）的聚乙烯醇（PVA）加入适量去离子水中，加热至 100 ℃，同时不停搅拌直至 PVA 完全溶解成为无色透明胶体。

（3）将无机盐溶液加入胶体溶液中，充分搅拌约半小时，制得粉红色溶胶。

（4）将溶胶置于 80 ℃左右的干燥箱内，约 48 h 得到棕红色的干胶。

（5）将干胶研磨成细粉末，通以恒流量的氢气，在管式炉中进行还原。通过调节氢气的流量、还原温度和时间，就可制得单相 CoO 纳米颗粒。

### 2.3.1.3 CoO 纳米颗粒的性质

下面我们来看一下用上述方法制得的 CoO 纳米颗粒的性质，包括相结构、形貌和磁性。

（1）相结构。

①煅烧温度对产物相结构的影响。

PVA 浓度为 1∶2 的干胶分别在 200 ℃、225 ℃、250 ℃、300 ℃、350 ℃和 400 ℃恒温下氢气气氛中还原 1 h 后所得产物的 XRD 结果如图 2-17 所示。由图可以看出 200 ℃时的产物为 $Co_3O_4$。随着温度的升高，$Co_3O_4$ 相逐渐减少，CoO 相逐渐增多。当温度升至 250 ℃时主要产物为 CoO，$Co_3O_4$ 的含量已很少。300 ℃煅烧时主要产物为 CoO，却有很少的 Co 生成。当温度再升高时，CoO 的含量逐渐减少，而 Co 的含量却逐渐增多，400 ℃时只生成 Co 的纯相。

这说明整个化学反应过程应该是：

$$Co(NO_3)_2 \cdot 6H_2O \rightarrow Co_3O_4 \ (T=200 \ ℃)$$
$$Co_3O_4 + H_2 \rightarrow CoO \ (T=225 \ ℃)$$
$$CoO + H_2 \rightarrow Co \ (T=300 \ ℃)$$

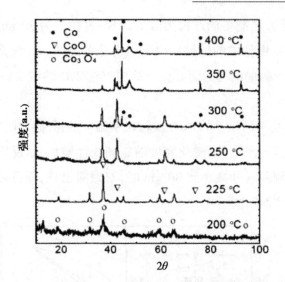

图 2-17　浓度 1：2 的干胶在氢气中不同温度下还原 1 h 后所得产物的 XRD 结果

②煅烧时间对产物相结构的影响。

图 2-18 是 PVA 浓度为 1：2 的干胶在氢气气氛中 225 ℃下还原不同时间得到的 XRD 图。由图可以看出，随着时间的增加，$Co_3O_4$ 含量逐渐减少，CoO 的含量逐渐增多，当烧结时间达 7 h 后，全部生成单相 CoO，这说明 $Co_3O_4$ 在较低温度下长时间还原后也能生成单相 CoO。

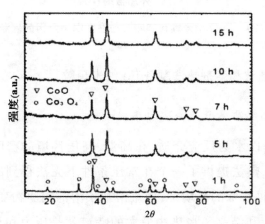

图 2-18　浓度 1：2 的干胶在氢气中 225 ℃下还原不同时间的 XRD 图

（2）形貌。

由 275 ℃下煅烧还原后制得的 CoO 纳米颗粒的透射电子显微镜照

片可知,用此方法制备的产物为圆形颗粒,直径约为 20 nm。CoO 纳米颗粒的 SAED 图像中的衍射环说明产物是多晶样品。根据衍射环的位置可以算出产物的结构为面心立方结构,与 XRD 的结果一致。

(3)磁性。

图 2-19 是不同尺寸的 CoO 颗粒在室温下的磁滞回线,对于粗颗粒,其磁滞回线是一条直线,磁化强度随磁场线性增加,是反铁磁物质的典型特征。当颗粒尺寸减小到 80 nm 时,有磁滞出现,而且磁滞回线的形状随颗粒尺寸而不同。

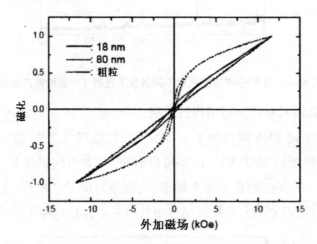

图 2-19　CoO 纳米颗粒和粗颗粒在室温下测得的磁滞回线

## 2.3.2 水热法和溶剂热法制备 Fe 纳米颗粒

### 2.3.2.1 水热法及溶剂热法简介

水热法是以水为反应介质,在高温、高压环境的密闭高压釜内进行的反应。水热法提供了一个在常压条件下无法得到的特殊物理化学环境,在这种特殊的环境中,使难溶或不溶的前驱物变得容易分解,从而使其反应和结晶。水热法最大的特点就是压力和温度。水热法可以研究温度为 100 ~ 374 ℃范围内的产物,通常研究的温度范围在 130 ~ 250 ℃之间,相应的水蒸气压在 0.3 ~ 4 MPa 范围内。[3]

溶剂热法类似于水热法,只是采用有机溶剂代替水做介质。溶剂热方法中,常用的非水溶剂有苯、乙二胺、甲醇、乙醇、氨水、甲酸等。用非水溶剂代替水,能够在较低温度和压力下制备出通常需要在极端条件下才能制得的纳米颗粒材料,从而扩大了水热技术的应用范围。

### 2.3.2.2 Fe 纳米颗粒的制备

(1)将 4.0 g $FeCl_3 \cdot 6H_2O$ 溶于 20.0 mL 纯水(乙醇)溶液中,然后将 10.0 g NaOH 和 10.0 mL $N_2H_4 \cdot H_2O$(80%)加入水溶液中。

(2)将上述溶液进行搅拌均匀后,放入 80 mL 的反应釜中,将反应釜密封后,在烘箱中 110 ℃下保温 10 h。然后自然冷却到室温。

(3)将产物用离心机离心,并用蒸馏水或酒精清洗,将未反应物及杂质除去,最后在真空下干燥。

# 2.4   一维磁性纳米材料的制备与表征

一维纳米材料指在空间有两维处于纳米尺度,如纳米线、纳米棒、纳米管,同轴纳米电缆和纳米带等。对准一维纳米材料的研究开始于 20 世纪 90 年代。

### 2.4.1 纳米线阵列的制备及表征

纳米线的制备方法分为物理法和化学法两种。用物理方法制备纳米线主要有蒸发冷凝法、激光烧蚀法、激光沉积法和电弧放电法等多种方法。

化学法制备纳米线的方法包括化学气相沉积法、电化学法、聚合法和模板法,其中以模板法最为常见。以下主要介绍以氧化铝为模板采用电化学沉积法制备纳米线阵列。

（1）Co$_{1-x}$Zn$_x$纳米线制备方法。

用在 40 V 电压下、草酸溶液中二次氧化 2 h 的 AAO 作为模板，在 15 V，200 Hz 交流电下沉积 5 min。沉积液配方为：ZnSO$_4$·7H$_2$O（0~5 g/L），CoSO$_4$·7H$_2$O（30 g/L），H$_3$BO$_3$（40 g/L）。用 1.2 mol/L 的 H$_2$SO$_4$ 溶液调节电解液的 pH 值为 3。通过改变沉积液中 ZnSO$_4$·7H$_2$O 的含量（0~5 g/L）来调节沉积产物 Co$_{1-x}$Zn$_x$ 纳米线中 Co、Zn 的比例。[5]

（2）性能表征。

①形貌分析。

在草酸溶液中 40 V 电压下二次氧化 2 h 的 AAO 的扫描电镜图如图 2-20（a）所示。图 2-20（b）中的选区电子衍射图上只能看到晕环，而没有衍射环出现，说明 Co$_{0.74}$Zn$_{0.26}$ 纳米线是非晶态结构。

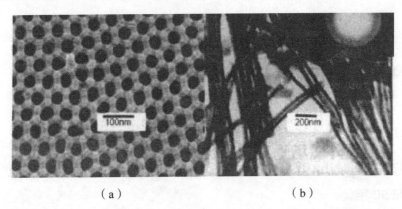

（a） （b）

图 2-20 （a）AAO 模板的扫描电镜图；（b）Co$_{0.74}$Zn$_{0.26}$ 纳米线的透射电镜图和选区电子衍射图

②结构表征。

带有氧化铝模板的 Co$_{1-x}$Zn$_x$ 纳米线随 Zn 含量变化的 X 射线衍射图如图 2-21 所示。

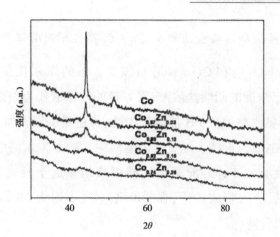

图 2-21　$Co_{1-x}Zn_x$ 纳米线随 Zn 含量变化的 X 射线衍射图

③磁性能。

图 2-22 是 $Co_{0.74}Zn_{0.26}$ 纳米线的磁滞回线图,图中 $H_\perp$ 和 $H_{/\!/}$ 符号表示的是外磁场垂直和平行纳米线方向。从图中可以看出外加磁场平行于纳米线方向为易磁化方向,而垂直于纳米线方向为难磁化方向,具有很明显的各向异性。

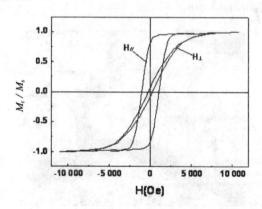

图 2-22　平行和垂直 $Co_{0.74}Zn_{0.26}$ 纳米线方向测得的磁滞回线图

### 2.4.2 纳米管阵列的制备及表征

纳米管阵列的制备方法有很多种,常见的有溶胶凝胶模板法和电化学沉积法。下面介绍溶胶凝胶模板法制备 $CoFe_2O_4$ 磁性纳米管阵列。

### 2.4.2.1 溶胶凝胶模板法制备 $CoFe_2O_4$ 磁性纳米管阵列

（1）$Fe(NO_3)_3$ 和 $CO(NO_3)_2$ 以 2∶1 的摩尔比例溶于蒸馏水中制备成一定浓度的硝酸盐溶液，将等量的柠檬酸作为表面活性剂加入该溶液中，用氨水将溶液 PH 值调至中性，将适量的尿素加入溶液中。

（2）将 AAO 模板浸入配置好的溶液中，在 80 ℃ 水浴中加热 10 h。

（3）将装有 $CoFe_2O_4$ 前驱物的模板从铝基底上解离下来，用蒸馏水冲洗干净后放入管式炉中，在 500 ℃ 空气中退火 10 h，最后制备出 $CoFe_2O_4$ 纳米管阵列。

### 2.4.2.2 $CoFe_2O_4$ 纳米管的性能表征

（1）形貌表征。

图 2-23 是 $CoFe_2O_4$ 纳米管阵列的 SEM 图，图中是用 NaOH 腐蚀过的样品，$CoFe_2O_4$ 纳米管阵列部分从模板中露出。从图中可以看出纳米管排列规则有序，管的外直径为 50 nm，与 AAO 模板孔洞直径 50 nm 一致，管壁厚度约为 15 nm。

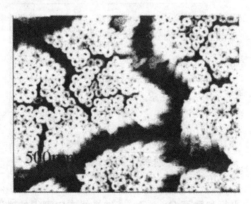

**图 2-23　$CoFe_2O_4$ 纳米管阵列的 SEM 图**

（2）结构。

选取 500 ℃ 作为退火温度，对制得的样品进行了 XRD 的测量如图 2-24 所示。图中 $CoFe_2O_4$ 的衍射峰能被清楚地观察到。

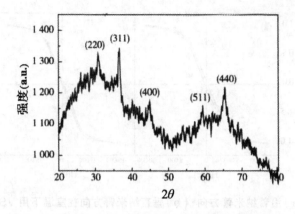

图 2-24　在 500 ℃退火的 CoFe$_2$O$_4$ 纳米管阵列 X 射线衍射图

图 2-25 是 CoFe$_2$O$_4$ 纳米管阵列的透射电子显微镜图和选区电子衍射图。从图 2-25（a）中可以看出纳米管的内外直径分别为 20 nm 和 50 nm，与扫描电镜得出的结果一致。图 2-25（b）是样品的选区电子衍射图，衍射环与 XRD 的衍射峰面（220）、（311）、（400）、（422）、（511）和（440）一致，为多晶结构的尖晶石铁氧体。

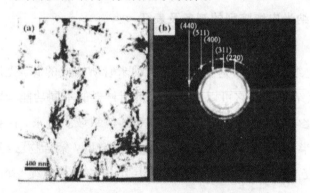

图 2-25　（a）CoFe$_2$O$_4$ 纳米管的透射电镜图；（b）选区电子衍射图

（3）磁性能。

图 2-26（a）和（b）是在常温下外加磁场平行和垂直于纳米管方向测得的磁滞回线，外加的最大磁场为 1.2 T。在这两个方向测得的磁滞回线的矫顽力分别为 162 Oe 和 136 Oe。这两个方向的磁滞回线的形状和饱和场都很相似，这说明制备的纳米管并没有明显的磁各向异性。

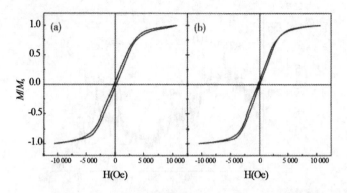

**图 2-26　（a）沿着纳米管方向；（b）垂直纳米管方向在室温下用 VSM 测量样品的磁滞回线**

　　用溶胶凝胶法也可以制备金属纳米管，如 Fe 纳米管前几步的制备同 $CoFe_2O_4$ 纳米管阵列的制备是一样的，先通过溶胶凝胶模板的方法制备出 $Fe_2O_3$ 纳米管，将制备出的 $Fe_2O_3$ 纳米管在氢气中 500 ℃下还原 3 h，最后产物为高度有序的 Fe 纳米管阵列。

### 2.4.3 纳米电缆阵列的制备及表征

　　纳米电缆可以认为是纳米线芯和纳米管所构成的芯/壳层结构，这种芯/壳层结构使得它可以充分利用不同材料的不同功能，从而被广泛地应用在化学、物理、医学、材料科学等其他领域。近来，半导体/半导体、金属/半导体、金属/金属氧化物，以及金属/聚合物已经被成功地合成和研究。制备这些有序的线-壳层结构的纳米电缆一般采用模板合成法。

　　纳米电缆的制备主要采用两个步骤：先制备纳米管作为模板，再将芯材料装入纳米管使其形成纳米电缆。也可以采用一步法制备纳米电缆，即纳米管和纳米芯可以同时制备并形成壳层结构的纳米电缆。

2.4.3.1 两步电化学沉积法制备 $ZrO_2/Co$ 同轴纳米电缆阵列

（1）制备方法。

① $ZrO_2$ 纳米管的制备。

以氧化铝为模板采用溶胶凝胶法制备 $ZrO_2$ 纳米管,具体如下:将 1.0 g（3.1 mmol）$ZrOCl_2 \cdot 8H_2O$ 溶解于 20 mL、体积比为 4∶1 的酒精/水中,搅拌 10 min。然后加入 0.2 mL 的 $HNO_3$（65%）溶液,再将 5 mL 乙酰丙酮（0.15 g,0.15 mmol）加入上述溶液,搅拌 1 h 后,放置 10 h 以获得 $ZrO_2$ 溶胶。

将氧化铝模板放置 $ZrO_2$ 溶胶 1 h 或 30 min,然后将模板拿出,在室温下空气中干燥。再将模板在 500 ℃下热处理 6 h。[6]

② Co 纳米线的制备。

以带有模板的 $ZrO_2$ 纳米管为第二次模板,采用三电极体系电化学沉积。在沉积之前,在模板的一面镀上导电 Ag 层。沉积液配方:140 g/L $CoSO_4 \cdot 7H_2O$,50 g/L $H_3BO_3$。

（2）性能表征。

①形貌和结构。

以氧化铝为模板采用溶胶凝胶法制备 $ZrO_2$ 纳米管。将氧化铝模板在 $ZrO_2$ 溶胶中放置 30 min 和 1 h,纳米管的直径都为 280 nm,管壁的厚度则随模板浸入溶胶的时间而变化,浸入时间越长,管壁越厚。这说明 $ZrO_2$ 溶胶颗粒优先吸附在模板表面,然后才沿管壁生长。

以带有模板的 $ZrO_2$ 纳米管为第二次模板,采用三电极体系电化学沉积 Co 纳米线后得到的 $ZrO_2/Co$ 纳米电缆的管壁厚为 40 nm,Co 纳米线的直径大约为 200 nm。$ZrO_2/Co$ 纳米电缆的选区电子衍射图如图 2-27 所示。从图中可以看出制备的产物为单晶结构,且图中的衍射环对应于六角结构 Co 的（100）（110）（200）晶面。

图 2-27  ZrO$_2$/Co 纳米电缆的选区电子衍射图

②磁性能。

图 2-28 是 ZrO$_2$/Co 纳米电缆的磁滞回线图,实线为磁场垂直于纳米电缆所测得的磁滞回线,虚线为磁场平行于纳米电缆测得的磁滞回线图。从图中可以看出平行于纳米电缆方向的矫顽力为 306 Oe,垂直于纳米电缆的矫顽力为 288 Oe,垂直于纳米电缆为易磁化方向。

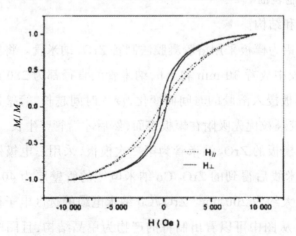

图 2-28  ZrO$_2$/Co 纳米电缆的磁滞回线图

2.4.3.2 一步电化学沉积法制备 Fe/Fe-DMSO 同轴纳米电缆阵列

（1）制备方法。

以在 0.3 mol/L 草酸溶液中 40 V 电压下氧化的氧化铝作为模板，利用双电极体系交流电化学进行沉积。二甲基亚砜（DMSO）是一种有机溶剂，其性质受水的影响很大，所以在使用之前要用 4 Å 的分子筛进行过滤，并且在高温下进行蒸馏以除去残留中的水分。同样 $FeCl_3 \cdot 6H_2O$ 也要在 453 K 的真空箱中干燥使其脱水。然后将脱水后的 $FeCl_3$ 作为溶质，二甲基亚砜作为溶剂，在 200 Hz、15 V 交流电下沉积 10 min。通过改变沉积液中 $FeCl_3$ 的浓度以及沉积液的温度来改变所制备样品的形貌。

（2）性能表征。

①形貌。

图 2-29（a）是在 0.3 mol/L 草酸溶液中 40 V 电压下氧化所得到氧化铝模板的扫描电镜图，从图中我们可以看出氧化铝模板的孔洞大小均匀、分布有序，直径大约为 40 nm。图 2-29（b）是在 $FeCl_3$ 含量为 3 g/L 的二甲基亚砜溶液中 40 ℃下沉积所得到的纳米电缆的透射电镜图。从图中可以看出，在此条件下沉积出的纳米电缆只有光亮的壳层结构出现，外围直径大约为 40 nm。图 2-29（c）是对应的选区电子衍射图，图中没有衍射环出现，说明此壳层为非晶结构。

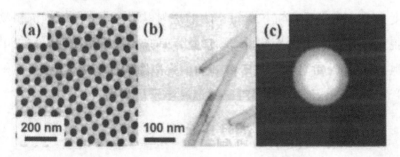

图 2-29 （a）氧化铝模板的扫描电镜图；（b）在 $FeCl_3$ 含量为 3 g/L 的二甲基亚砜溶液中 40 ℃下沉积所得到的纳米电缆的透射电镜图；（c）相对应的选区电子衍射图

改变二甲基亚砜溶液中 $FeCl_3$ 的含量,使其为 5、10、17 g/L,同样在 40 ℃下进行电化学沉积。图 2-30(a)是在 $FeCl_3$ 含量为 17 g/L 的二甲基亚砜溶液中 40 ℃下沉积所得到的纳米电缆的透射电镜图,从图中可以看出,在此条件下沉积的纳米电缆由光亮的壳层和黑的纳米线芯组成,形成了共轴纳米电缆。由于壳层结构很薄,纳米线芯的直径也大约为 40 nm,长度大约为 4 μm,长径比为 100。图 2-30(b)是对应的选区电子衍射图,图中三个很明显的衍射环对应于体心立方 Fe 的(110)、(200)和(211)衍射面,从图中可以看出,除了这三个明显的衍射环外,还有一个晕环出现,此晕环与壳层的衍射环相同。

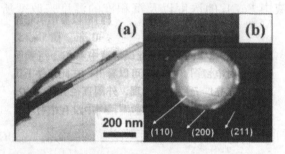

**图 2-30** (a)在 $FeCl_3$ 含量为 17 g/L 的二甲基亚砜溶液中 40 ℃下沉积所得到的纳米电缆的透射电镜图;(b)相对应的选区电子衍射图

为了理解电缆的形成机制,研究了二甲基亚砜溶液中 $FeCl_3$ 含量不变,改变沉积液温度所得产物的形貌和性质的变化规律。

图 2-31 是当二甲基亚砜溶液中 $FeCl_3$ 含量为 17 g/L 时,在沉积液温度为 130 ℃下进行沉积所得产物的透射电镜图。图中看到沉积物的形貌大部分是纳米线芯,纳米线芯的粗细均匀,直径和长径比与二甲基亚砜溶液中 $FeCl_3$ 含量为 17 g/L 在沉积液温度为 40 ℃下进行沉积所得产物 D 的纳米线芯相符合。

图 2-31　二甲基亚砜溶液中 $FeCl_3$ 含量为 17 g/L，在沉积液温度为 130 ℃下进行
沉积所得产物的透射电镜图

②相结构。

图 2-32 是改变二甲基亚砜溶液中 $FeCl_3$ 含量在 40 ℃下进行沉积所得产物的 X 射线衍射图，二甲基亚砜溶液中 $FeCl_3$ 含量为 3、5、10、17 g/L 在 40 ℃下进行沉积所得产物分别命名为 A、B、C、D。从图中可以看出所得产物 A、B、C 的 X 射线衍射图上没有衍射峰出现，说明当 $FeCl_3$ 含量比较少时，大部分是壳层的非晶材料。当 $FeCl_3$ 含量为 17 g/L 时，所得产物 D 的 X 射线衍射图上出现了体心立方 Fe 的（110）衍射峰，结合选区电子衍射结果说明此峰是纳米线芯的衍射峰。

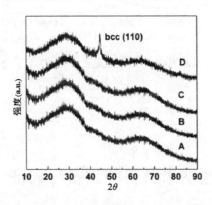

图 2-32　随二甲基亚砜溶液中 $FeCl_3$ 含量变化在 40 ℃下进行沉积所得产物的 X
射线衍射图

③磁性能。

随二甲基亚砜溶液中 $FeCl_3$ 含量变化在 40 ℃下进行沉积所得产物 A、B、C、D 的磁滞回线如图 2-33 所示,从图中可以看出所得产物在室温下都是铁磁性物质,随着 $FeCl_3$ 在二甲基亚砜溶液中含量的增加,所得产物的各向异性越来越明显,平行于纳米电缆方向为易磁化轴。

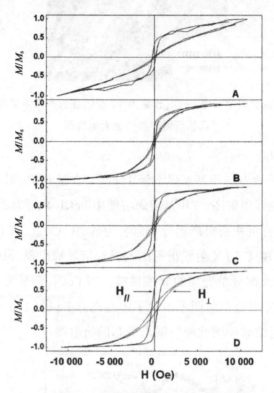

图 2-33　随二甲基亚砜溶液中 $FeCl_3$ 含量变化在 40 ℃下进行沉积所得产物的磁
　　　　滞回线

# 2.5　二维磁性纳米材料的制备与表征

以下主要介绍用溶胶凝胶法、电化学沉积法制备纳米薄膜的方法,并简单介绍制备后薄膜的性能。

### 2.5.1 溶胶凝胶旋涂法制备磁性薄膜及性能表征

#### 2.5.1.1 溶胶凝胶涂膜技术的基本原理

溶胶凝胶涂膜过程主要分为三个阶段：①配置溶胶阶段；②涂膜阶段；③涂层固化阶段。[7] 一个典型的旋涂过程如图 2-34 所示，首先将基片固定在可以高速旋转的装置上，将配置好的溶胶取少许滴在基片的中心位置，然后启动旋转装置带动基片在较高的速度下旋转（通常控制最高转速在 2 000 ~ 4 000 r/min）；基片上的溶胶在离心力的作用下向基片的外缘快速铺展，最后在基片表面便形成一层均匀地液体薄膜或涂层。

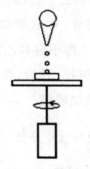

图 2-34　溶胶凝胶旋转涂膜装置原理图

#### 2.5.1.2 旋涂法制备纯相 BiFeO$_3$ 薄膜的过程

BiFeO$_3$ 薄膜的溶胶凝胶旋涂制备过程大致分为三个阶段：

（1）配置溶胶阶段。

称取 0.02 mol 的 Bi(NO$_3$)$_3$·5H$_2$O 和 0.02 mol 的 Fe(NO$_3$)$_3$·9H$_2$O 加入乙二醇甲醚中，并加入少量醋酸作为螯合剂，配置成 100 mL 的混合溶液；该溶液在室温下搅拌 1~2 h，使其充分融合形成澄清透明的稳定溶胶。

（2）涂膜过程。

将裁剪好的 10 × 10 mm 涂有底电极 LaNiO$_3$ 的 Si 基底固定在旋涂

机上,然后将 0.1 ~ 0.3 mL 配置好的溶胶滴在基底的中心位置,启动旋涂机,使其在 60 s 内达到最高速度 3 000 r/min,在最高速度下保持 30 s,最后让其停止,这样便在基片上形成一层均匀的液体薄膜或涂层。

（3）烧结过程。

将带有液体涂层的基片放置在 380 ℃ 的管式炉中预处理 300 ~ 400 s,快速取出空冷;为了获得不同的膜层厚度,可以多次重复涂膜—预处理过程;最终,将带有涂层的基片在 500 ~ 700 ℃ 下快速烧结 300—400 s,得到最终薄膜。

导电氧化物 $LaNiO_3$ 具有良好的高温稳定性（800 ℃ 下不分解）、较高的室温电导率以及晶格常数（$a$=0.384 nm, $LaNiO_3$）,与 $BiFeO_3$ 晶格有较好的匹配性（$a$=0.396 nm, $BiFeO_3$）,因而成为 $BiFeO_3$ 薄膜底电极材料仅有的几个候选材料之一。$LaNiO_3$ 薄膜的制备工艺流程和 $BiFeO_3$ 薄膜的基本相同:首先,称取等物质量的 La（$NO_3$）$_3$·$6H_2O$ 和 Ni（$NO_3$）$_3$·$6H_2O$ 加入乙二醇甲醚和乙酸的混合溶液中,最终形成 0.3 mol/L 的 $LaNiO_3$ 先驱体溶胶;然后,在 $10 \times 10$ mm 的 Si 基底上旋涂成膜;最后在 750 ℃ 快速烧结成膜。

### 2.5.1.3 纯相 $BiFeO_3$ 薄膜的性能分析

（1）$BiFeO_3$ 薄膜的相结构分析。

图 2-35 显示了在 Si 基底上制备的 $LaNiO_3$ 薄膜的 XRD 图谱,结果显示:在 750 ℃ 下烧结得到了结晶度较好的纯相 $LaNiO_3$ 薄膜,该薄膜具有多晶的钙钛矿结构,而且 $LaNiO_3$ 薄膜沿（110）方向择优取向。$LaNiO_3$ 薄膜的烧结温度不宜高于 800 ℃,因为当烧结温度高于 800 ℃,$LaNiO_3$ 易发生分解和挥发,破坏 $LaNiO_3$ 薄膜的微结构和电学性能。

图 2-36 是涂覆 $LaNiO_3$ 薄膜的 Si 基底上沉积 $BiFeO_3$ 薄膜的 XRD 图谱。结果显示:从 550 ℃ 开始,已经有 $BiFeO_3$ 相生成,但是相的结晶不充分;随着烧结温度的升高,$BiFeO_3$ 相的结晶度越来越好,但当烧结温度高于 750 ℃ 时,薄膜中开始出现杂相（图中星号标示的峰位）,因而在 $BiFeO_3$ 系列薄膜的制备过程中,均采用 700 ℃ 作为烧结温度,因为

此时薄膜的结晶度最好,因而具有较好的综合性能。

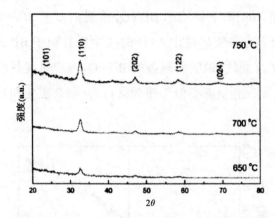

**图 2-35    Si 基底上制备的 LaNiO₃ 薄膜的 XRD**

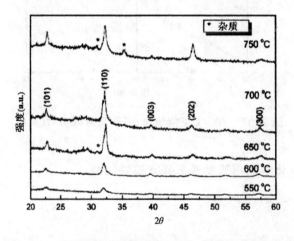

**图 2-36    不同温度下烧结的 BiFeO₃ 薄膜的 XRD 图谱**

（2）BiFeO₃ 薄膜的表面形貌及其厚度。

由 700 ℃下烧结的 BiFeO₃ 薄膜 SEM 照片可知溶胶凝胶涂膜技术制备的 BiFeO₃ 薄膜是由均匀的纳米颗粒堆积而成,这些颗粒的尺寸在 60～90 nm 之间,由于烧结过程中水分和有机物的挥发等因素导致薄膜中存在一定的孔隙。

BiFeO₃ 薄膜的截面 SEM 照片显示整个薄膜由两层构成,即 BiFeO₃ 层和 LaNiO₃ 层;每一层薄膜都具有均匀的厚度。LaNiO₃ 层的厚度约为 75 nm,而 BiFeO₃ 薄膜的厚度值约为 90 nm。

（3）$BiFeO_3$ 薄膜的磁性。

图 2-37 是 700 ℃下烧结的 $BiFeO_3$ 薄膜的室温 $M$-$H$ 曲线,从图中可以看出:$BiFeO_3$ 薄膜呈现出 $M$-$H$ 曲线明显有别于 $BiFeO_3$ 陶瓷具有线性关系的 $M$-$H$ 曲线,说明所制备的 $BiFeO_3$ 薄膜呈现弱的磁性。仔细观察磁滞回线发现它呈现类似于超顺磁行为(剩余磁化和矫顽场都几乎为零)。

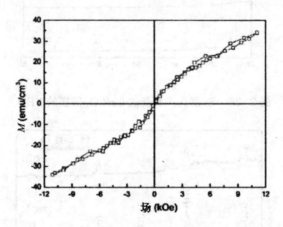

图 2-37　700 ℃下烧结的 $BiFeO_3$ 薄膜 $M$-$H$ 曲线

### 2.5.2 电化学沉积法制备 FeCo 磁性薄膜

#### 2.5.2.1 制备方法

（1）基底的准备。

采用射频溅射的方法在清洗好的玻璃片上溅射一层银,也可以采用一些导电玻璃作为电化学沉积时的基底。[8]

（2）电化学沉积。

所用溶液成分为 $CoSO_4 \cdot 6H_2O$ 60 g/L, $FeSO_4 \cdot 7H_2O$ 180 g/L, $H_3BO_4$ 30 g/L, $C_6H_8O_6$ 4 g/L。图 2-38 给出了 $FeSO_4 \cdot 7H_2O$ 水溶液的循环伏安曲线,从图中可以确定在 −1.3 V 时 $Fe^{2+}$ 可以被还原出来。采用同样方法也可以确定 $Co^{2+}$ 的还原电位,由于这两种离子中 $Fe^{2+}$ 的还原电位较负,所以在沉积 FeCo 合金时选 $Fe^{2+}$ 的沉积电位。[9]

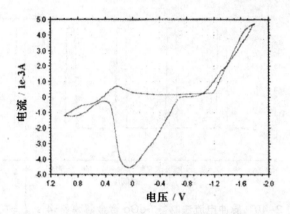

图 2-38　FeSO$_4$·7H$_2$O 水溶液的循环伏安曲线

　　把基底作为工作电极,铂片电极为对电极,参比电极为饱和甘汞电极,放入配置好的 FeSO$_4$·7H$_2$O 和 CoSO$_4$·6H$_2$O 混合溶液中,沉积电位选择 −1.3 V。图 2-39 给出了在沉积过程中计算机自动记录的电流 - 时间曲线。

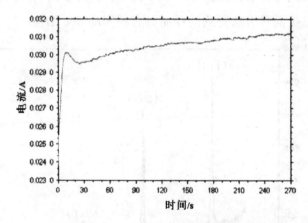

图 2-39　恒电位法 −1.3 V 下沉积铁钴薄膜的电流 − 时间曲线

　　图 2-40 采用脉冲电流法制备 FeCo 薄膜时,设定电流 $I_p$=0.04 A,$I_{pr}$=0.013 5 A,$t_p$=4 s,$t_{pr}$=1 s 等沉积条件沉积薄膜时计算机记录的电位 - 时间曲线,可以看出这种脉冲周期可以控制得比较好,且在选用该电流值的情况下,实际的沉积电位也基本控制在 −1.3 V 左右。

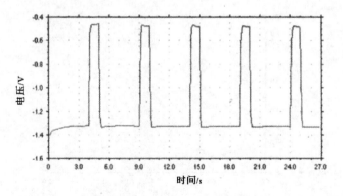

图 2-40　脉冲电流法制备 FeCo 合金薄膜 $t_p$=4 s, $t_{pr}$=1 s

### 2.5.2.2 性能表征

（1）结构。

采用脉冲电流法和用恒电流法制备的 FeCo 薄膜具有相同的结构，图 2-41 给出了沉积时间为 180 s 的 FeCo 合金薄膜的 XRD 图像。从图中可以看出这两种方法得到的样品具有相同的 bcc 结构。

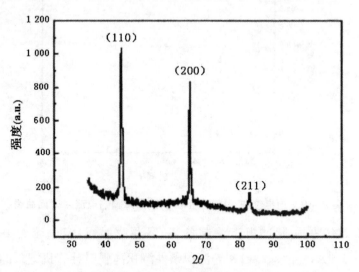

图 2-41　FeCo 合金薄膜的 XRD 图像

（2）磁性能。

采用恒电位沉积的方式，在工作电极电位相对于饱和甘汞参比电极为 −1.3 V 的情况下，分别在镀银玻璃的基底上沉积 90 s、180 s、270 s

和 360 s。图 2-42 给出了恒电位模式下沉积 180 s 所得到的 FeCo 合金薄膜样品的磁滞回线。从图中可以看出当外加磁场平行于膜面测量时，样品更容易被磁化。为了方便比较不同沉积时间对所制备薄膜样品的矫顽力和剩磁比，图 2-43 和图 2-44 分别给出了它们的变化趋势图。从图 2-43 我们可以看出 $H_c$ 的值随沉积时间的增加是先减小后增大的，在沉积时间为 270 s 时达到最小值为 6.77 Oe，而剩磁比随着沉积时间的增大呈递减关系。

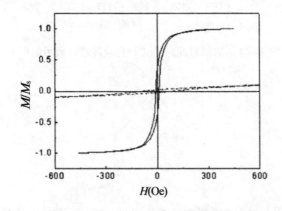

图 2-42　恒电位 −1.3 V 下沉积 180 s 样品的磁滞回线

（实线为磁场平行于膜面；虚线为磁场垂直于膜面）

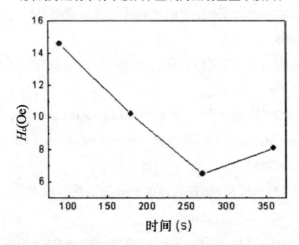

图 2-43　沉积时间对 FeCo 合金薄膜矫顽力的影响

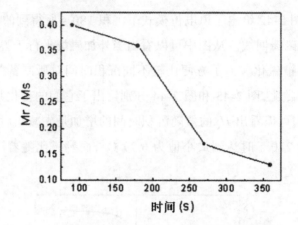

图 2-44　沉积时间对 FeCo 合金薄膜矫顽力的影响

# 参考文献

[1] 赵志伟,方振东,刘杰 . 磁性纳米材料及其在水处理领域中的应用 [M]. 哈尔滨：哈尔滨工业大学出版社,2018.

[2] 洪若瑜 . 磁性纳米粒和磁性流体制备与应用 [M]. 北京：化学工业出版社,2009.

[3] 张丽英 . 准一维铁的氧化物有序阵列的制备与性质 [D]. 兰州：兰州大学,2005.

[4]Ni X, Su X, Zheng H , et al. Studies on the one-step preparation of iron nanoparticles in solution[J]. Journal of Crystal Growth，2005，275（3/4）: 548-553.

[5] 徐彦 . 准一维金属、铁氧体的制备和磁性 [D]. 兰州：兰州大学,2009.

[6]Bao J C, Tie C Y, Xu Z, et al.An Array of Concentric Composite Nanostructures of Zirconia Nanotubules/Cobalt Nanowires: Preparation and Magnetic Properties[J]. Advanced Materials,2002,14

（1）：44-47.

[7] 魏杰. 多铁性材料 BiFeO₃ 及其掺杂改性研究 [D]. 兰州：兰州大学，2008.

[8] 周栋. 铁钴、铁镍合金纳米管和薄膜的制备与磁性研究 [D]. 兰州：兰州大学，2008.

[9] 付军丽，梁玉洁，渠联. 纳米磁性材料 [M]. 北京：中央民族大学出版社，2018.

# 第3章

## 磁性无机复合纳米材料的制备及表征技术

磁性功能材料是军事领域和经济领域的重要基础材料。早在 1930 年,$Fe_3O_4$ 微粒就被用来做成磁带。此后,$Fe_3O_4$ 粉末和黏合剂结合在一起被制成涂布型磁带;后来,又采用化学共沉淀工艺制成纳米 $Fe_3O_4$ 磁性胶体,用来观察磁畴结构。磁性材料等的相继出现,主要得益于人们对磁性机理研究的深入和对材料性能提高的迫切要求。对新型材料的研究也正逐步把人类带入纳米科技时代。

## 3.1　金属系纳米磁性复合材料的制备

早期金属磁粉曾采用草酸盐、甲酸盐热分解和还原的方法制备。其磁粉的针形很差,颗粒内常含有空洞,因此磁性能不佳。后来采取控制钴、铁、镍草酸盐的共沉淀条件(如浓度、pH 值等)来获得均匀的针状草酸盐颗粒,再经热分解和还原(控制还原温度与时间,还原气氛采用 75% 氢与 25% 氮的混合气体),最后得到长 50 nm,直径约为长度的 1/2~1/3 的针状 Co/Fe/Ni 合金磁粉。目前金属合金磁粉的主要制备方法有还原法、蒸发法、微乳液法、机械合金化、化学共沉淀法等。这些制备方法的基本原理与过程在第 2 章中已作介绍,本章仅对制备纳米磁粉的几种实例进行介绍。

### 3.1.1 采用还原法与蒸发法制备纳米合金磁粉

还原法与蒸发法制备纳米合金磁粉的工艺如图 3-1 所示。方法（a）是采用金属氧化物或氢氧化物等进行氢气还原的方法，它与目前生产上采用的还原氧化工艺制备 $\gamma$-Fe$_2$O$_3$ 相似。

通常可以采用如下工艺制备 Fe/Co、Fe/Co/Ni 合金磁粉：将 $\gamma$-Fe$_2$O$_3$ 磁粉在 CoCl$_2$·6H$_2$O 或 Ni（NO$_3$）$_2$·6H$_2$O 溶液中搅拌均匀，然后加入 NH$_4$OH 与 NH$_4$Cl 溶液，在 80~85 ℃下恒温 2 h，使钴或镍络合离子吸附在 $\gamma$-Fe$_2$O$_3$ 颗粒表面。经过清洗、干燥后，在 400 ℃下经氢气还原，然后包覆一层高分子聚合物。[3]

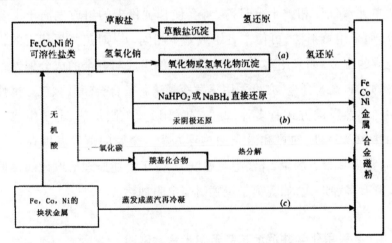

**图 3-1   制备纳米合金磁粉的工艺及其相互关系**

上述工艺制备出的磁粉在 97 ℃恒温 67 h，磁化强度仅仅降低 4%。目前金属录音和录像磁带中较合适的矫顽力值约为 40~55.7 kA/m。为了降低金属铁微粒的矫顽力值，可采用表面掺镍的工艺，随着 Ni/Fe 摩尔比增加，$H_c$ 与 $\delta_s$ 值将线性降低。当 Ni/Fe=0.2 时，$H_c$ 可控制在 55.7 kA/m 附近。所制成的金属录像带性能优于 Co/$\gamma$-Fe$_2$O$_3$ 以及 Fe$_4$N 磁带。

方法（b）是金属盐类水溶液用强还原剂直接还原的方法。用硼氢化钾、硼氢化钠等强还原剂可以在亚铁离子与钴离子混合溶液中直接还原制备 Fe/Co 合金磁粉。合金磁粉的颗粒尺寸随钴含量的增加而逐渐减小。当颗粒尺寸为 30 nm 时，$H_c$ 呈现极大值，此值与铁颗粒单畴临界尺寸 26 nm 相近；当颗粒直径小于 15 nm 时，将呈现超顺磁性。也可采用钛酸盐作还原剂制备磁性合金颗粒，将金属盐类（如 $FeCl_2 \cdot 4H_2O$、$CoCl_2 \cdot 6H_2O$ 以及 $NiCl_2 \cdot 6H_2O$ 等）溶解于硫酸二甲酯中生成金属络合物，反应式如下：

$$CoCl_2 \cdot 6H_2O + 3CH_3O_5CH_3 \longrightarrow Co(CH_3O_5CH_3)_3Cl_2 + 6H_2O$$

再加入邻苯二甲酸盐，洗涤后可得到十分稳定的金属邻苯二甲酸盐。最后在氢还原炉中还原成金属颗粒。这种工艺的优点之一是磁粉无自燃性。

方法（c）是金属蒸气冷凝法。用蒸发冷凝法制备合金磁粉时，如果合金单元蒸气压相差十分悬殊，将会使合金粉末的组成偏离于原合金成分，而采用溅射法，可使二者组成基本相同。[1] 对蒸气压相近的组元所构成的合金，如采用蒸发冷凝法，颗粒的组成与合金的成分偏差不太大，例如，Fe/Co 合金，亦可采用蒸发冷凝法制备合金超微颗粒。惰性气体中加热蒸发的方式有多种，例如，钨（钼）丝电阻加热、电子束或离子束加热、高频感应加热和激光加热等方式。金属的蒸发温度在低气压下，通常为其熔点的 1.2 倍（绝对温度）。基于上述原理所设计的蒸发冷凝装置有多种形式，如等离子枪喷射与电阻加热法。[1]

### 3.1.2 采用化学共沉淀法制备纳米合金磁粉

目前纳米技术已成为制备高性能材料的引人注目的途径之一。科学工作者在纳米铁粉及铜粉的制备及应用等方面虽已进行了一定的研究，但迄今为止，有关通过纳米途径实现铁基材料合金化，以及添加纳米粉末对铁基材料烧结致密化影响的研究报道仍较少。例如，通过化学液相共沉淀工艺制备出了纳米级的 Fe/Cu 粉末，并对其性能进行了表征。图 3-2 为化学液相共沉淀法制备 Fe/Cu 复合粉末的工艺流程。

以氯化铜和氯化铁为原料,通过选择合适的工艺参数,得到了 Fe/Cu 摩尔比为 1∶1.5 的氢氧化物共沉淀,经干燥、焙烧和氢还原后,获得了 $w(Cu)$ 为 63.1% 的 Fe/Cu 复合粉末。

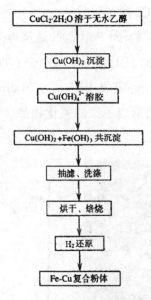

图 3-2　制备 Fe/Cu 复合粉末的工艺流程图

## 3.2　无修饰 $Fe_3O_4$ 磁核的合成

$Fe_3O_4$ 纳米颗粒因为具有合成工艺多种多样,对人体的毒副作用小、生物安全性高,而且在纳米量级呈超顺磁特性等优点,所以在蛋白质组学分析中应用最广泛。$Fe_3O_4$ 纳米颗粒也是本书中介绍的多数磁性微纳米材料的磁性来源。

$Fe_3O_4$ 磁性微球的合成采用水热法:把 2.70 g $FeCl_3 \cdot 6H_2O$ 溶于 100 mL 乙二醇中,磁力搅拌 0.5 h 得到黄色透明溶液。加入 7.20 g 无水 NaAc,磁力搅拌 0.5 h 后,将所得溶液转入 200 mL 的反应釜中。放于温度为 200 ℃的烘箱,分别放置 8 h、16 h 和 24 h。反应完后取出反应釜冷却至室温。所得材料用乙醇洗 3 次（ 3 × 30 mL ），再用去离子水洗 6 次（ 6 × 30 mL ），以除去醋酸钠和乙二醇等水溶性杂质。60 ℃真空干燥 12 h 后备用。通过改变加入的 $FeCl_3 \cdot 6H_2O$ 的量和改变反应温度和时间，可调节产物 $Fe_3O_4$ 微球的粒径。

图 3-3 所示是磁铁矿粒子（ $Fe_3O_4$ ）的透镜电子显微镜（ Transmission Electron Microscop, TEM ）图，显示 $Fe_3O_4$ 粒子的平均粒径约为 250 nm。图 3-4 是 $Fe_3O_4$ 粒子的红外吸收谱图，在 576 $cm^{-1}$ 左右有一强吸收对应于 Fe—O （振动峰，证明形成了铁的氧化物晶体）。

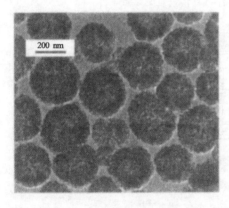

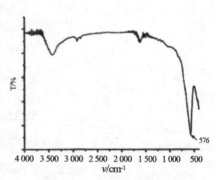

图 3-3　$Fe_3O_4$ 的透射电镜图　　　　图 3-4　$Fe_3O_4$ 的红外吸收谱图

通过这种方法合成的 $Fe_3O_4$ 粒子表面无特殊官能团，一般不直接用于蛋白组学分离分析，而用作后续的进一步包覆或修饰的材料核心。

## 3.3　$Fe_3O_4$ 磁性纳米复合材料的制备

### 3.3.1 $Fe_3O_4$ 磁核外包覆金属氧化物壳层

利用金属醇盐水解作用，能将相应的金属氢氧化物固定于包覆聚碳层的四氧化三铁磁球（ $Fe_3O_4$@CP ）表面，然后在氮气的保护下对其进行煅烧,得到包覆较均一的核壳结构 $Fe_3O_4@M_xO_y$ 微球。以 $Fe_3O_4@TiO_2$ 微球的合成为例,其具体合成步骤如下:将 5 mL 钛酸丁酯溶于 35 mL 乙醇中形成混合溶液,称取 100 mg $Fe_3O_4@CP$ 微球溶于上述混合溶液中,超声 5 min,在搅拌下逐滴加入比例为 1 : 5(v/v)的水与乙醇的混合液。然后,再搅拌 1 h 完成反应。接着磁铁分离出材料,再加入乙醇分散清洗、循环 5 次分离,乙醇清洗和再分散步骤,所得固体产物在氮气保护下于 500 ℃温度中煅烧。

分别利用 5 mL 钛酸丁酯、0.05 g 异丙醇锆、0.5 g 异丙醇铝、0.05 g 异丙醇镓、0.05 g 五甲氧基钽以及 113 mg 锡酸钾(0.75 g 尿素),合成 $Fe_3O_4@TiO_2$、$Fe_3O_4@ZrO_2$、$Fe_3O_4@Al_2O_3$、$Fe_3O_4@Ga_2O_3$、$Fe_3O_4@CeO_2$、$Fe_3O_4@In_2O_2$、$Fe_3O_4@Ta_2O_3$ 以及 $Fe_3O_4@SnO_2$ 微球。

不同金属氧化物包覆的 $Fe_3O_4$ 微球的粒径均分布均匀。比较包覆不同金属氧化物的磁性微球与 $Fe_3O_4@CP$ 微球的 TEM 图,可以看到,包覆于 $Fe_3O_4$ 微球表面的半透明状的碳层消失,取而代之的是一层结构紧密的、直径约为 20 mm 的纳米颗粒。为了证明此结构紧密的纳米颗粒确为设想的被包裹于 $Fe_3O_4$ 微球表面的金属氧化物,所有的材料均进一步进行能量色散 X 射线分析(energy dispersive X ray analysis,EDX)。表 3-1 给出的是固定在 $Fe_3O_4$ 微球表面的金属元素在 $Fe_3O_4@M_xO_y$ 微球总元素中的含量。虽然 EDX 分析得出的元素含量只是半定量数据,但足以说明 $Fe_3O_4@M_xO_y$ 微球的成功合成。

表 3-1　固定在 $Fe_3O_4$ 微球表面的金属元素在 $Fe_3O_4@M_xO_y$ 微球总元素中的含量

| 分子式 | 对应元素含量 /% | 分子式 | 对应元素含量 /% |
|---|---|---|---|
| $Fe_3O_4@TiO_2$ | 5.96 | $Fe_3O_4@Ga_2O_3$ | 1.22 |
| $Fe_3O_4@ZrO_2$ | 9.70 | $Fe_3O_4@CeO_2$ | 2.26 |
| $Fe_3O_4@Al_2O_3$ | 2.01 | $Fe_3O_4@In_2O_3$ | 2.58 |

用 FTIR 进一步表征验证金属氧化物被成功地包覆在 $Fe_3O_4$ 微球的表面。$Fe_3O_4@CP$ 微球的合成成功表明 $Fe_3O_4@CP$ 微球表面存在着大量的亲水基团。这些亲水基团的存在不仅使得 $Fe_3O_4@CP$ 微球比 $Fe_3O_4$ 微球具有更好的亲水性以及稳定性,而且增强了 $Fe_3O_4@CP$ 微球

与金属醇盐水解后所得金属氢氧化物低聚物之间的亲和作用,有利于金属氢氧化物吸附到 Fe₃O₄@CP 表面,最后通过高温煅烧形成包覆层。以高温煅烧后形成的 Fe₃O₄@ZrO₂ 微球为例,在低波数区间内,除了 Fe—O 在约 576 cm⁻¹ 处的特征峰外,谱图中还出现 634 cm⁻¹ 强峰,该峰即为 Zr—O 的特征峰,为磁性微球表面成功包覆金属氧化物提供了更进一步的证明。

### 3.3.2 Fe₃O₄@SiO₂@PSV 微球的制备

首先合成 Fe₃O₄ 粒子,然后包覆上 SiO₂,最后在外包覆聚苯乙烯 - 乙烯苯硼酸(poly slyrene vinylphenylboronic acid, PSV)。方法如下:将 1 mL MPS 与上述所得 50 mL Fe₃O₄@SiO₂ 微球的乙醇分散液混合,机械搅拌 6 h,所得固体产物分散至 200 mL,含 0.10 g 十二烷基硫酸钠(sodium dodecyl sulfate, SDS)水溶液中,然后加入 0.5 mL 苯乙烯及 0.038 g 4- 乙烯苯硼酸(4-ethylene phenyl borate acid, VPBA)。在氮气保护下,加入含 0.03 g 过硫酸钾水溶液,然后于 75 ℃下机械搅拌 8 h,通入空气结束反应,将所得 Fe₃O₄@SiO₂@PSV 微球用去离子水以及乙醇清洗,真空干燥,备用。

Fe₃O₄@SiO₂@PSV 微球具有核壳结构,其中核心 Fe₃O₄ 微球直径约为 120 mm,中间 SiO₂ 层约为 50 nm 厚,最外层 PSV 共聚物层约为 50 nm 厚。Fe₃O₄@SiO₂@PSV 微球为球形且具有均一尺寸。Fe₃O₄@SiO₂@PSV 微球确为 Fe₃O₄ 球核、中间 SiO₂ 层以及最外层 PSV 共聚物层 3 部分组成。

### 3.3.3 Fe₃O₄@SiO₂–APBA 氨基苯硼酸修饰的磁性硅球

称 取 50 mg Fe₃O₄@SiO₂ 微 球 分 散 于 40 mL 甲 苯(含 400 μL GLYMO),于 80 ℃下回流 12 h。用乙醇清洗固体产物 Fe₃O₄@SiO₂-GLYMO。然后,将 50 mg 3- 氨基苯硼酸(APBA)超声分散于 60 mL

50 mmol・L NH$_4$HCO$_3$（pH>8）中，取其 20 mL 与所得 Fe$_3$O$_4$@SiO$_2$-GLYMO 混合分散，于 65 ℃下机械搅拌反应 3 h。利用外加磁场得固体产物，重新分散于 20 mL APBA 的分散液，重复此过程 3 次，得 Fe$_3$O$_4$@SiO$_2$-APBA 微球。

在 Fe$_3$O$_4$ 微球、Fe$_3$O$_4$@SiO$_2$ 微球以及 Fe$_3$O$_4$@SiO$_2$-APBA 微球 3 个材料的磁饱和值分别为 94.46 emu/g，52.71 emu/g 以及 49.70emu/g，饱和磁化强度的降低间接表明微球中间层和最外层分别成功包覆了硅以及硼酸，而且通过电感耦合等离子体发射光谱（inductively coupled plasma amicission sepctroscopy，ICP-AES）分析，在 Fe$_3$O$_4$@SiO$_2$-APBA 微球表面 B 元素含量约为 15 mol/g。

### 3.3.4 Fe$_3$O$_4$@CP@Au–MPBA 微球材料的制备

按照如下步骤合成 Au 纳米粒子：在搅拌条件下，将 0.6 mL 0.01 mol/L 的 NaBH 水溶液缓慢加入 20 mL 含 0.25 mmol/L 的 HAuCl$_4$ 和 0.25 mmol/L 的柠檬酸三钠的混合水溶液中，并继续搅拌 30 s。当溶液颜色变为酒红色时，说明 Au 纳米粒子成功合成。合成的 Au 纳米粒子在 24 h 内使用。然后，合成 Fe$_3$O$_4$@CP@Au 微球：称取 200 mg 上述所得的 Fe$_3$O$_4$@CP 微球，将其分散于 20 mL 含 0.20% 聚电解质聚（二烯丙基二甲基氯化铵）（poly dimethyl diallyl ammonium chloride，PDDA）、20 × 10$^{-3}$ mol/L 的 Tris 和 20 × 10$^{-3}$ mol/L 的 NaCl 的混合水溶液中，搅拌 20 min 后将所得固体产物用去离子水充分洗涤。再将 40 mg 修饰 PDDA 的磁性微球分散于 60 mL。上述 Au 纳米粒子分散液中，搅拌 20 min，所得 Fe$_3$O$_4$@CP@ Au 微球用去离子水清洗后真空干燥，备用。最后，称取 50 mg Fe$_3$O$_4$@CP@Au 微球分散于 20 mL 1 mg/mL 的 4- 巯基苯硼酸（4-mercaptophenyl-boronie acid，MPBA）乙醇溶液中，搅拌 2 h。所得固体产物（Fe$_3$O$_4$@CP@Au-MPBA）经去离子水和乙醇分别清洗后真空干燥，备用。

通过测定可得 Fe$_3$O$_4$@CP 微球在水溶液中的 ξ 电位为 -59.3 mV，

即 $Fe_3O_4@CP$ 微球表面带负电荷。同时，当带正电荷的 PDDA 修饰于 $Fe_3O_4@CP$ 微球表面后，$Fe_3O_4@CP$-PDDA 在水溶液中的 $\zeta$ 电位为 +2.33 mV，表明通过静电吸附作用可以成功地将 PDDA 修饰于 $Fe_3O_4@$ CP 微球表面。

由 $Fe_3O_4@CP@Au$ 微球的 TEM 可以看到，Au 纳米粒子密密麻麻分散在碳层表面，其直径约为 3 nm。通过对 $Fe_3O_4@CP@Au$ 微球进行元素分析，进一步证实 Au 纳米粒子的存在。值得注意的是，Au 纳米粒子是通过利用 $NaBH_4$ 还原 $HAuCl_4$ 制得的，所得 Au 纳米粒子的分散液呈现酒红色。加入 $Fe_3O_4@CP$-PDDA 微球后，Au 纳米粒子的分散液变为无色，表明 Au 纳米粒子已被全部吸附在 $Fe_3O_4@CP$ 微球表面。

硼酸基团的固定是基于巯基与金之间的强力相互作用。4- 巯基苯硼酸在 $Fe_3O_4@CP@Au$ 微球上的固定量通过 RPLC 测定，反应 1 h 后 4-巯基苯硼酸的固定量达到平衡。通过分析平行测算得在 $Fe_3O_4@CP@$ Au 微球表面固定的含量为 4- 巯基苯硼酸，为 50 μg/mg。

# 3.4 纳米复合稀土永磁粉体的制备

纳米复合稀土永磁粉体制备过程中，一是将溶胶 - 凝胶法和液相包裹法相结合，建立了一种兼具两者优点的纳米粉体合成方法——溶胶凝胶包裹法；二是利用高能球磨固相法制备纳米复合磁性材料 $NdFeO_3$ / $\alpha - Fe_2O_3$、$LaFeO_3 / \alpha - Fe_2O_3$、$SmFeO_3 / \alpha - Fe_2O_3$ 等纳米复合稀土永磁粉体，同时研究了粉体的相关性能。

### 3.4.1 溶胶 – 凝胶包裹法制备纳米复合稀土永磁粉体

#### 3.4.1.1 溶胶凝胶法制备三氧化二铁

选用分析纯 $Fe(NO_3)_3 \cdot 9H_2O$、柠檬酸、乙二醇、氨水、无水乙醇为原料，采用络合溶胶凝胶法制备纳米磁性材料 $Fe_2O_3$。

称取一定量的 $Fe(NO_3)_3 \cdot 9H_2O$,用去离子水溶解完全后,加入适量的柠檬酸,磁力搅拌下使柠檬酸与 $Fe^{3+}$ 完全络合,再加入适量的乙二醇继续搅拌,使其充分分散在络合物之间,在搅拌下滴加稀氨水调节 pH,于 60 ℃水浴中缓慢蒸发,直至黏稠的胶状产物生成。将胶状物于 120 ℃干燥,得到固化的干凝胶。将凝胶研成粉末状,用适量的无水乙醇洗涤,经不同的热处理过程得到相应的不同产品。

### 3.4.1.2 包裹法制备纳米复合稀土永磁粉体

称取一定量的分析纯三氧化二铁,用 1:1 的浓硝酸按物质的量比将稀土氧化物全部溶解,加热使多余的硝酸蒸发,取出自然冷却,形成稀土硝酸盐的晶体。

称取一定量的分析纯 $Fe(NO_3)_3 \cdot 9H_2O$,用去离子水溶解后,搅拌下滴加一定浓度的柠檬酸溶液,使铁离子全部被柠檬酸络合,将制备好的稀土硝酸盐溶解后缓慢滴加于其中。用去离子水配置不同浓度硝酸盐混合溶液。[5]

按比例加入已制备的三氧化二铁粉末和适量的分散剂乙二醇,超声混合均匀。采取凝胶制备与湿凝胶处理连续进行。慢滴氨水调节 pH 值逐步形成溶胶,当 pH 值调到 4~5 时溶胶黏度明显增大,形成网状结构的凝胶,恒温 70 ℃和用氨水稳定 pH 值使凝胶化完全。调节 pH 值(pH 为 8~9 最为适合),破坏湿凝胶的网状结构,使其黏度降低,黏稠的胶状产物生成。用无水乙醇反复洗涤过滤湿凝胶,干燥后得到固化的干凝胶。将其在不同温度下进行煅烧,得纳米复合稀土永磁材料。

### 3.4.1.3 组织影响因素

(1)三氧化二铁粉体的差热分析。从图 3-5 可见,350 ℃前有两个吸热峰,为脱水及乙二醇和游离柠檬酸分解过程;在 200 ℃有一个放热过程,应是 $Fe_2O_3$ 骨架形成时期,升温至 400 ℃时,除去杂质,原粉固相反应过程结束。450~500 ℃是原粉焙烧制备纳米晶最低适宜温度。

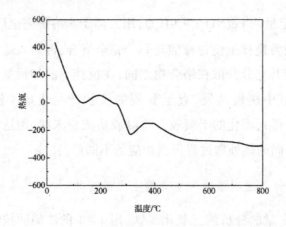

图 3-5    Fe$_2$O$_3$ 干凝胶的差热分析曲线

（2）三氧化二铁粉体的扫描电镜观察。图 3-6 为前驱体在不同温度下焙烧所得的 SEM 图片,不同温度焙烧下样品的形态和尺寸完全不同。基本可以确定 400~450 ℃区间是焙烧的理想区间,这与热分析结论是相同的。

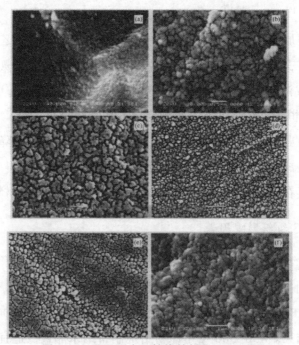

图 3-6    不同温度下焙烧的样品 SEM 图
（a）200 ℃/3 h;（b）300 ℃/3 h;（c）400 ℃/3 h;（d）500 ℃/3 h;（e）600 ℃/3 h;（f）700 ℃/3 h

（3）三氧化二铁粉体的 X 射线衍射（XRD）分析。通过 XRD 衍射图谱，确定了所得样品的尺寸及相态。图 3-7 中，采用不同的升温方式对晶粒生长有很大的影响。温度越高晶体生长速度越快，峰形变窄，导致晶粒尺寸变大。

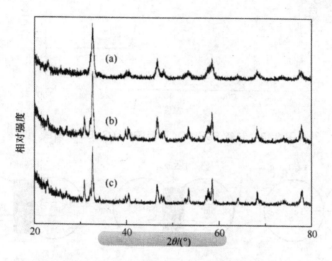

图 3-7　不同升温方式对晶粒生长影响

（a）500 ℃ /3 h；（b）600 ℃ /3 h；（c）700 ℃ /3 h

（4）复合物干凝胶的热分析。在图 3-8 的 TG 曲线上，干凝胶呈现了大约 80% 的失重，最后的产物应该是纯净的 $FeSmO_3$ / $Fe_2O_3$ 粉末，失去的部分主要是水、$HNO_3$（加热处理时加热器中有红棕色气体 $NO_2$ 放出）、柠檬酸（柠檬酸根）等；整条曲线呈现两个台阶，对应于两个显著的失重过程；第一次重量陡降发生在 200~300 ℃；第二次重量陡降则在450~550 ℃。图 3-9 形象地表现了钐铁氧体固相反应过程。

（5）稀土硝酸盐溶液浓度对复合粉体形貌的影响。图 3-10 为不同稀土硝酸盐溶液浓度时制备出的 $FeSmO_3$ 包裹 $Fe_2O^3$ 的复合粉体。

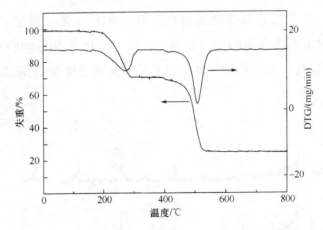

图 3-8　制备 FeSmO₃ 干凝胶的 TG-DTG 曲线

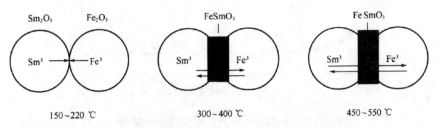

图 3-9　稀土铁氧体 FeSmO₃ 的固相反应过程

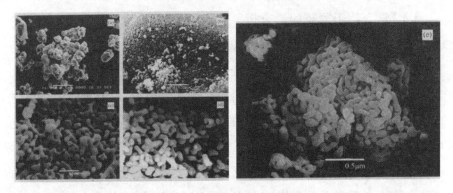

图 3-10　不同稀土硝酸盐溶液浓度时制备出的 FeSmO₃ 包裹 Fe₂O₃ 的复合粉体
的形貌

（a）0.1 mol/L；（b）0.2 mol/L；（c）0.3 mol/L；（d）0.4 mol/L；（e）0.5 mol/L

图 3-11 显示当溶液浓度提高到 0.5 mol/L 的时候，先驱体颗粒尺寸
较大且团聚严重。即核与纳米颗粒或纳米颗粒与纳米颗粒相互结合并
形成较大的粒子。

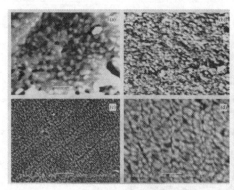

图 3-11　不同稀土硝酸盐溶液浓度时凝胶先驱体的形貌

（a）0.1 mol/L；（b）0.2 mol/L；（c）0.3 mol/L；（d）0.4 mol/L；（e）0.5 mol/L

（6）溶液 pH 值对复合粉体分散性的影响。图 3-12 为包裹前驱体的 Zeta 电位随 pH 值的变化曲线,粉体的等电点（IEP）在 pH=7 左右,在远离该点的酸性（pH=5~6）和碱性（pH=7~9）条件下,粉体表面均呈现较高的带电性。粉体具有良好的分散性需要将反应体系的 pH 值应控制在 8~9。

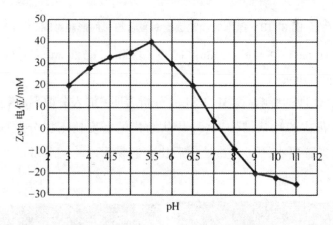

图 3-12　FeSmO₃ 包裹 Fe₂O₃ 前驱体的 Zeta 电位随 pH 值的变化

（7）氨水滴定速度对复合粉体形貌的影响。图 3-13 中氨水的滴定速度可以影响 FeSmO₃ 包裹 Fe₂O₃ 复合粉体的形貌,缓慢滴定（<15 mL/min）可以形成棒状复合粉体；氨水的滴定速度在 25 mL/min 左右时,容易形成片状形貌；氨水的滴定速度过快（>40 mL/min）,发生团聚,对过滤和制粉十分不利。

图 3-13　氨水的滴定速度对复合粉体的形貌影响

（a）5 mL/min；（b）10 mL/min；（c）15 mL/min；（d）20 mL/min；（e）25 mL/min；（f）40 mL/min

（8）热处理的影响。图 3-14 SEM 分析表明：加入分散剂的凝胶（a），为一种雪花式的片状结构，这种片状结构的密度比不加分散剂（b）获得的块状凝胶要小，因此，热处理后比较容易形成均匀分散的小粒径粉末。[6]

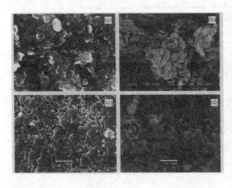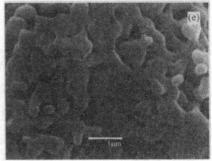

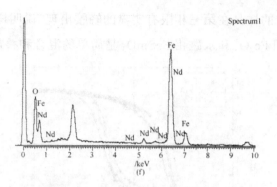

**图 3-14　热处理温度与样品形貌的关系**

（a）加入分散剂的凝胶样品；（b）未加入分散剂的凝胶样品；（c）加入分散剂 500 ℃焙烧 3 h 的样品；（d）加入分散剂 600 ℃焙烧 3 h 的样品；（e）加入分散剂 800 ℃焙烧 3 h 的样品；（f）加入分散剂 600 ℃焙烧 3 h 的样品能谱图

对应于相同的晶面，当热处理温度达到 800 ℃时，由半高宽法计算的晶粒平均粒径为 81 nm，此时的晶格畸变接近消失，粉末颗粒的晶体结构基本上达到块体材料的晶体结构。同样可得 $FeNdO_3$ 和 $Fe_2O_3$ 的复相，见图 3-15。

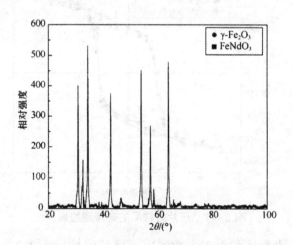

**图 3-15　$FeNdO_3/Fe_2O_3$ 的 XRD 图**

（9）永磁粉体的磁性能。图 3-16 是不同 pH 下样品的磁滞回线，pH 为 8 时的样品曲线最为光滑，而 pH 为 10 的样品曲线也较光滑，没有出现峰腰，可以认为软磁相 $Fe_2O_3$ 和永磁相 $FeSmO_3$ 发生磁性交换耦合。而 pH=2 的样品在第三相限有明显的峰腰出现,说明样品退磁过程中认定软磁相 $Fe_2O_3$ 和永磁相 $FeSmO_3$ 是简单的混合和叠加。

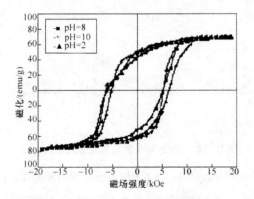

图 3-16  不同 pH 下样品的磁滞回线

图 3-17 中,经过压片焙烧与采用前驱体粉末直接焙烧两种方式所得的样品磁滞回线没有明显的差别,说明物理压片的方法不能在根本上改变样品晶粒间的距离,晶粒间的交换耦合作用效果基本上是一致的。

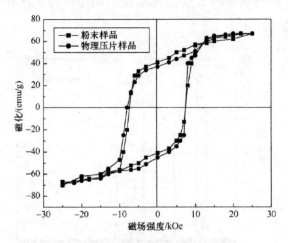

图 3-17  压片对样品的磁滞回线影响

（10）永磁粉体的电磁参数测定。样品编号见表 3-2。反射率的计算是根据公式:

$$\Gamma = -20 \lg \left| \left| \frac{z \tanh(jkd) - z_0}{z \tanh(jkd) + z_0} \right| \right|$$

表 3-2　样品编号

| 样品编号 | 吸收剂名称 |
|---|---|
| $S_1$ | $BaFe_{12}O_{19} / \gamma - Fe_2O_3$ |
| $S_2$ | $BaFe_{12}O_{19}$ |
| $S_3$ | $FeSmO_3 / \gamma - Fe_2O_3$ |
| $S_4$ | $FeSmO_3$ |

将测得的电磁参数进行计算,利用 Matlab 作图,其中涂层厚度为 $d$=0.001~0.001 5 m。

图 3-18 为样品的复介电常数随频率变化谱线,从图中可以看出 $S_1$ 的介电常数实部比 $S_2$ 以及 $S_3$ 的介电常数实部均要大。$S_1$ 的虚部在 2~13.4 GHz 范围内也比其他的样品要大。[7]

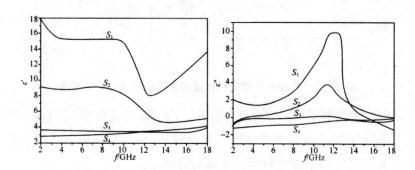

图 3-18　样品复介电常数随频率变化谱线

图 3-19 为样品的复数磁导率随频率变化谱线,$S_1$ 的复数磁导率虚部在 2.5~8.5 GHz 和 13.4~18.0 GHz 频率范围内比其他样品都要大,因此其在低频和高频都可能有较强吸收,这在计算所得的反射率曲线中得到验证。

图 3-20 为样品的介电损耗角正切和磁损耗角正切的频谱图,图中介电损耗角正切值频谱图的变化趋势与图 3-18 中介电常数虚部的频谱的变化趋势相一致,而图 3-20 中磁损耗角正切值的频谱图的变化趋势与图 3-24 中磁导率虚部的频谱的变化趋势相一致,因此介电损耗和磁损耗的大小主要由介电常数的虚部和磁导率的虚部来决定。

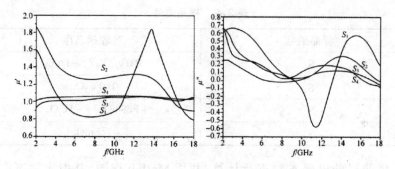

图 3-19　样品的复数磁导率随频率变化谱线

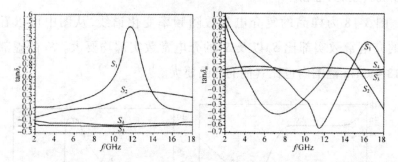

图 3-20　样品的介电损耗角正切和磁损耗角正切的频谱

图 3-21 为样品的计算反射率曲线，$S_1$ 最大吸收在 7.5 GHz 频率处，其最大吸收处的频率明显低于其他样品，且在低频率下反射率低于 6 dB，较好符合隐形涂层材料对低频吸收的要求。

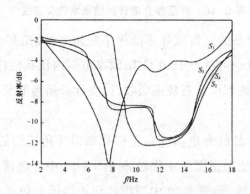

图 3-21　样品的反射率曲线

### 3.4.2 高能球磨固相法制备纳米复合稀土永磁粉体

#### 3.4.2.1 掺 Sm 纳米复合稀土永磁粉体

按化学计量比分别称取一定量的硝酸铁和氧化钐,将两种组分均匀混合,倒入玛瑙球磨罐中研磨,然后将装有产品的球磨罐取出静置数小时,所得产物为棕褐色黏稠状液体,将其全部转移到烧杯中并用去离子水洗涤,然后在恒温干燥箱( 120 ℃ )中烘干、研磨,获得前驱体。将所得前驱体在马弗炉中以适当的温度煅烧得原粉,之后将原粉经水洗后在恒温箱中 100 ℃烘干即为所需产品。

采用 HCT-1 型微机差热天平(北京恒久科学仪器厂)对煅烧前样品进行差热 - 热重( TG-DSC )分析;用 TSM-6360LV 型扫描电子显微镜( SEM )(日本电子公司)对样品进行形貌和成分分析(分析前对产品进行喷金处理);用 D/Max-Ultima+ 型 X 射线粉末衍射仪( XRD )(日本 Rigaku 理学公司)对样品进行物相分析,纳米晶粒度根据 XRD 结果利用 Scherrer 公式计算;用 VSM-5S-15 型振动样品磁强计( VSM )(北京航空材料研究院)进行磁性能的测试。

为考察不同球磨时间对掺 Sm 铁氧体粒度和形貌的影响,在其他实验条件相同的情况下,分别设定球磨时间为 20 min、30 min、40 min、50 min、60 min,所得产物的 SEM 照片如图 3-22( a )~( e )所示。当球磨时间不同时,产物的形貌大致相似,为球状物,但其粒度和分散性明显不同。当球磨时间为 20 min 时,产物的粒度不均匀且有大块的团聚现象。[8]

为考察煅烧温度对产物粒度和形貌的影响,将球磨时间为 30 min 的产物分别在 450 ℃、550 ℃、650 ℃各保温 3 h,所得产品的 SEM 照片如图 3-23 所示。当煅烧温度为 450 ℃时,产物为分散较均匀的块状物,随着煅烧温度的升高,产物的颗粒开始变为分散均匀的球状物,当煅烧温度升高到 650 ℃时,产物的颗粒变大产生团聚现象,这主要是因为温度的升高,细颗粒易烧结成块,从而发生团聚,这也跟文献所述相同。由

图 3-24 可知,样品在 550 ℃以后的 TG 曲线呈平坦状态,DSC 曲线也基本趋于稳定。因此,前驱体的煅烧温度定为 550 ℃是合理的。[5]

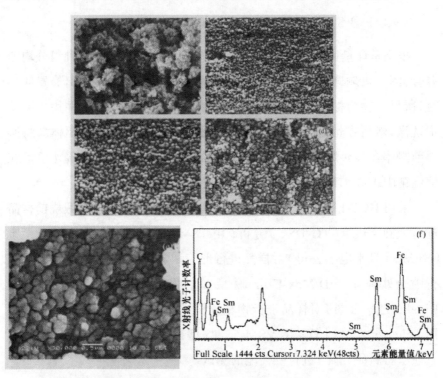

图 3-22　球磨不同时间后产物的 SEM 图和球磨 30 min 的 EDS 图

（a）20 min；（b）30 min；（c）40 min；（d）50 min；（e）60 min；（f）球煅烧温度对产物粒度和形貌的影响

图 3-23　不同温度煅烧 3 h 后产物的 SEM 图

（a）450 ℃；（b）550 ℃；（c）650 ℃

XRD 测定。图 3-25 是球磨 30 min 的产物经 550 ℃煅烧后样品的 XRD 磨 30 min 后样品的能谱图。[5]

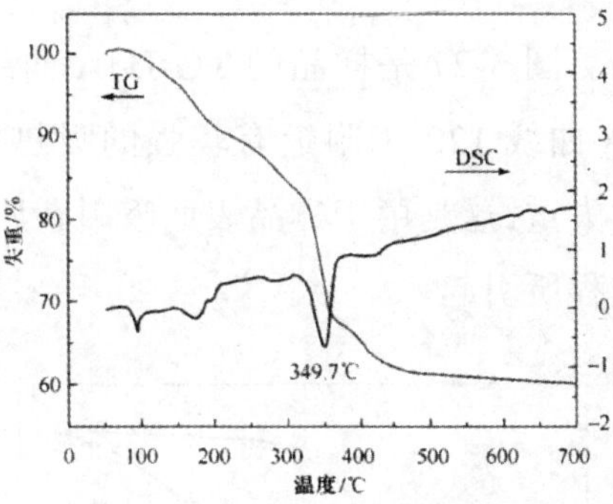

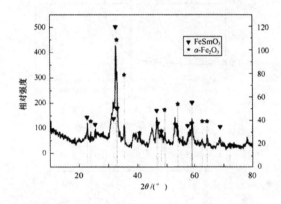

图 3-24　120 ℃干燥后的样品的 TG- DSC 曲线

图 3-25 FeSmO₃ / α -Fe₂O₃ 的 XRD 谱图

VSM 分析。图 3-26 是产品的 VSM 图,制备的复相纳米材料 FeSmO₃/ α -Fe₂O₃ 的相对剩磁和矫顽力分别为 0.8 kOe 和 6.5 kOe,磁性能较好。这可能是由于晶粒之间的交换耦合相互作用引起的。矫顽力随晶粒尺寸变化将会出现一个极大值,使得复相纳米材料 FeSmO₃/ α -Fe₂O₃ 的矫顽力减弱。

### 3.4.2.2 掺 La 纳米复合稀土永磁粉体

分别称取一定量的硝酸铁和氧化镧,均匀混合倒入玛瑙球磨罐中研磨 30 min,转速为 200 r/min,静置数小时得到棕褐色黏稠状液体,转移到烧杯用去离子水洗涤;在恒温干燥箱( 120 ℃ )中烘干,研磨,获得前驱体。将所得前驱体在马弗炉中以适当的温度煅烧,升温速度为 10 ℃ /min,之后将所得产物经水洗后在恒温箱中 100 ℃烘干即为所需产品。[7]

TG-DTA 热分析。图 3-27 是样品的 TG-DTA 曲线,用来断定前驱体的煅烧温度。DTA 曲线 120 ℃附近有较强的吸热峰,对应 TG 曲线在此温度附近有较大失重,这是由于样品表面吸附杂质如水分子等物理或化学吸附的脱除过程所引起。

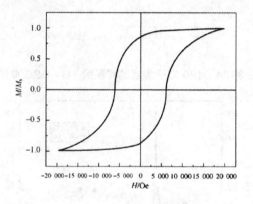

图 3-26　产品的磁滞回线

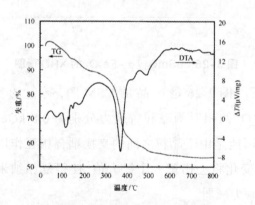

图 3-27　样品的 TG-DTA 曲线

SEM 分析。图 3-28 是样品的 SEM 形貌图片。颗粒形状为球状,一个大球由几个小球团聚在一起,由 XRD 计算出该粒子的平均粒径为约 20 nm,从图中 SEM 的尺寸可以看出一个大球约 50～80 nm,包含约 3~4 个小球。样品的 X 射线能谱(EDS)分析表明(右图),在微粉中除 Fe、La、O 外,还有 C 和 Au,C 来自背景的导电胶,Au 是喷金时引入。

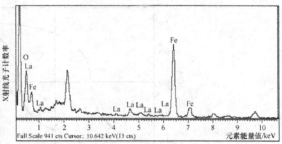

**图 3-28　样品的 SEM 和 EDS**

XRD 分析。图 3-29 是样品粒子的 XRD 图。产品的衍射峰分别对应 $LaFeO_3$ 的衍射峰（JCPDS 卡片 37-1493）和六方相 α-$Fe_2O_3$ 的衍射峰（JCPDS 卡片 33-0664），所以所得产品为 $LaFeO_3$/α-$Fe_2O_3$ 复合粉体。利用 Scherrer 公式 $D=K\lambda/B\cos\theta$ 对晶粒平均尺寸进行计算平均粒径为约 20 nm。

VSM 分析。图 3-30 为掺杂 La 的铁氧体粉末的磁滞回线，经球磨30min 的产物晶化热处理后得到的纳米颗粒相邻晶粒间发生了交换耦合作用，使材料磁性能增强。[5]

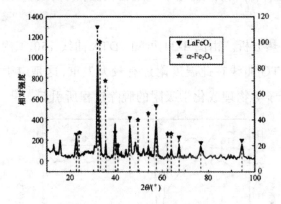

**图 3-29　样品的 XRD 谱图**

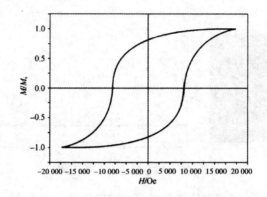

图 3-30　样品的 VSM 图

### 3.4.2.3 掺 Nd 纳米复合稀土永磁粉体

分别称取一定量的硝酸铁和氧化钕,均匀混合倒入玛瑙球磨罐中研磨 30 min,转速为 200 r/min。静置数小时后得到棕褐色黏稠状液体,倒入烧杯中用去离子水洗涤,在恒温干燥箱(120 ℃)中烘干,研磨,获得前驱体。将所得前驱体在马弗炉中以适当的温度煅烧,升温速度为 10 ℃/min,之后将所得产物经水洗后在恒温箱中 100 ℃烘干即为所需产品。

TG-DTA 热分析。由图 3-31 可知,DTA 曲线 150 ℃附近有较强的吸热峰,对应 TG 曲线在此温度附近有较大失重,这是由于样品表面吸附杂质如水分子等物理或化学吸附的脱除过程所引起。[7]

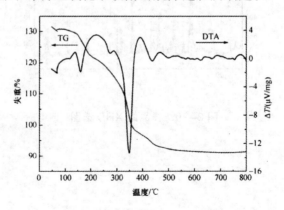

图 3-31　样品的 TG- DTA 曲线

SEM 分析。图 3-32 是样品的 SEM 形貌图片。颗粒形状为球状，并且粒径分布均匀，由 XRD 计算出该粒子的平均粒径为 23 nm，从图中 SEM 的尺寸可以看出一个大球约 30~50 nm，因此估计一个大球中包含约 2~3 个小球。样品的 X 射线能谱（EDS）分析表明（右图），在微粉中除 Fe、Nd、O 外，还有 C 和 Au，C 来自背景的导电胶，Au 是喷金时引入的。

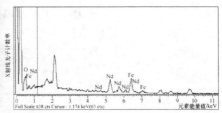

图 3-32    样品的 SEM 和 EDS

XRD 分析。图 3-33 为样品的 XRD 图。550 ℃煅烧后的产物为 $NdFeO_3$（JCPDS 卡片 25-1149）和六方相 ar$Fe_2O_3$（JCPDS 卡片 33-0664），所以所得产品为 $NdFeO_3 / \alpha - Fe_2O_3$ 复合粉体。利用 Scherrer 公式 $D = K\lambda / (B\cos)$ 对晶粒平均尺寸进行计算平均粒径为约 23 nm。

VSM 分析。图 3-34 为掺杂 Nd 的铁氧体粉末的磁滞回线，掺杂了钕离子的铁氧体材料的矫顽力增大，磁能积增加。部分 $Nd^{3+}$ 扩散到晶界后，在晶粒周围形成超薄的孤层，由于 $Nd^{3+}$ 的半径大于 $Fe^{3+}$ 的半径，随着 $Nd^{3+}$ 掺入量的增加，$Nd^{3+}$ 驻留在晶界的量增加，磁畴壁的移动变得缓慢，所以矫顽力增加，达到 6 kOe。[8]

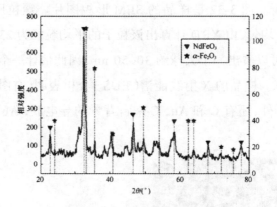

图 3-33 样品的 XRD 谱图

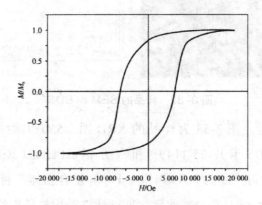

图 3-34 样品的 VSM 图

# 3.5  磁性无机复合核壳材料的制备

### 3.5.1 亚氨基二乙酸修饰磁性微球固定金属离子

称取 4.20 g 亚氨基二乙酸 IDA 分散于 50 mL 2 mol/L 的 $Na_2CO_3$ 溶液中,用 10 mol/L 的 NaOH 溶液调节到 pH 值为 11。将此整个反应体系置于冰水浴中,磁力搅拌 1 h。在磁力搅拌的同时,于 0.5 h 内逐滴加入 1.5 g 3-（2,3- 环氧丙氧）丙基三甲氧基硅烷（3-glycidoxy propyltrim ethox-ysilane, GLYMO）。然后,将反应体系升温至 65 ℃反应 6 h,再将反应体系冷却至 0 ℃,将以上步骤重复两次。最后,用浓盐酸将得到的 IDA 衍生的硅烷偶联试剂溶液的 pH 值调节为 6,以便于下一步将其键合于磁性硅球表面。

将 0.02 g Fe$_3$O$_4$@SiO$_2$ 微球超声分散于 50 mL 无水乙醇中,加入 10.0 mL 上述实验制备的硅烷偶联试剂溶液 GLYMO-IDA,于 40 ℃下反应 24 h,经乙醇清洗后得固体产物 Fe$_3$O$_4$@SiO$_2$@GLYMO-IDA 微球。将 Fe$_3$O$_4$@SiO$_2$@GLYMO-IDA 分散于 20 mL 0.2 mol/L 的 FeCl 溶液中,振荡分散 2 h,经去离子水清洗后。真空干燥,备用。可将 Fe$_3$O$_4$@SiO$_2$@GLYMO-IDA 分散于其他的金属盐溶液中制备表面螯合其他金属离子的材料,如 Cu$^{2+}$, TiO$^{2+}$ 等。

### 3.5.2 氨基苯硼酸修饰的磁性金硅球的制备

合成 Au 纳米粒子: 将 500 mL 1 mmol/L 的 HAuCl$_4$溶液于 100 ℃下回流加热搅拌,在搅拌过程中迅速加入 50 mL 38.8 mmol/L 的柠檬酸钠溶液,待反应体系变为酒红色后,继续加热回流 10 min。然后,在室温下继续搅拌 15 min。接着合成 Fe$_3$O$_4$@SiO$_2$@Au 微球。将上述所得 Fe$_3$O$_4$@SiO$_2$ 微球的乙醇溶液超声 30 min 后,加入 600 μL 巯丙基甲基二甲氧基硅烷（mercaptopropyl methyldim ethoxysilane, MPMDMS）,于室温下搅拌过夜,待反应结束后用无水乙醇充分清洗固体产物,然后将其分散于 50 mL 无水乙醇中,超声 30 min。再加入上述所得的 100 mL Au 纳米粒子的分散液,于室温下搅拌过夜。然后,将所得固体产物分散于 100 ml DMF 中备用。

称取 15mg 11- 巯基 -1- 十一醇（11 mercapto-1-undecanol, MUD）分散于上述所得的 Fe$_3$O$_4$@SiO$_2$@Au 微球的 DMF 溶液中,室温下搅拌过夜,待反应结束后用 DMF 清洗固体产物,然后将其再分散于 100 mL DMF 溶液中,记作分散液 A。

称取 100 mg 丁二酸酐与 200 mg 4- 二甲氨基吡啶（4-dimethyla-minopyridine，DMAP）溶于上述分散液 A 中。然后将反应体系置于 55℃下机械搅拌 3 h，待反应结束后用 DMF 清洗固体产物，并将固体产物再分散于 50 mL 无水乙醇中，记作分散液 B。称取 100 mg 1-（3- 二甲基氨基丙基）-3- 乙基碳二亚胺盐酸盐（EDC）150 mg N- 羟基 -7- 氮杂苯并三氮唑（1-Hydroxy-7-azabenzotriazde，HOAI）与 60 mg 3- 氨基苯硼酸一水合物（APBA）加入上述分散液 B 中，将整个反应体系于室温下机械搅拌 1 h，待反应结束后用无水乙醇充分清洗所得固体产物，然后将固体产物分散于 10 mL 无水乙醇中，记作分散液 C，即为 $Fe_3O_4@SiO_2@Au-APBA$ 微球的乙醇分散液。$Fe_3O_4$ 微球分散性好，尺寸均一，平均粒径约为 200 nm。

### 3.5.3 磷酸基团修饰磁球固定金属离子

$Fe_3O_4@Phosph-Zr（IV）$微球的合成方法如下：

首先，合成磁性碳球（$Fe_3O_4@CP$），然后称取 80 mg $Fe_3O_4@CP$ 微球和 0.5 mL 三羟基硅丙基甲基膦酸分散于 20 mL 甲苯中，于 80 ℃下回流 12 h，将所得固体材料分别用去离子水和乙醇清洗，真空干燥，备用。

将干燥所得的膦酸基团修饰的磁球 $Fe_3O_4@$ Phosph 分散于 0.2 mol/L 的 $ZrOCl_2$ 水溶液中，搅拌过夜，使 Zr（IV）离子固定于 $Fe_3O_4@Phosph$ 微球表面。最后，将制备所得的固定 Zr（IV）离子的磁性微球分别用去离子水和乙醇清洗，真空干燥，备用。

$Fe_3O_4@CP$ 微球表面存在的大量羟基基团不仅能够极大地提高 $Fe_3O_4@CP$ 微球在水溶液中的分散性和稳定性，同时也为接下来进行的表面化学修饰提供了足够的化学基团。利用简单的硅烷化反应将膦酸基团修饰于 $Fe_3O_4@CP$ 微球表面。

### 3.5.4 轮环藤宁（DOTA）修饰的磁性硅球固定稀土离子

合成 $Fe_3O_4@SiO_2-NH_2$ 微球：用 40 mL 1 mol/L HCl, $H_2O$, 40 mL 20% $HNO_3$ 以及 $H_2O$ 依次清洗上述 $Fe_3O_4@SiO_2$ 微球。将尽可能干燥的 $Fe_3O_4@SiO_2$ 微球分散于 60 mL 乙醇中，脱气（通氮气去除空气）搅拌，然后于 60 ℃下加入 6 mL 3-氨丙基-3-乙氧基硅烷反应 12 h，所得产物分别用乙醇和丙酮各清洗 3 次后重新分散于 40 mL 乙醇。最后，合成 $Fe_3O_4@TCPP-DOTA-Mi^{3+}$ 微球。称取 10 mg 四（4-羧基苯基）卟啉 [tetrakis（4-carbony pheny）porphyrin, TCPP] 溶于乙醇超声 1 h，加入摩尔比为 10:3 的 1-（3-二甲氨基丙基）-3-乙基碳二亚胺盐酸盐和 N-羟基琥珀酰亚胺（N-hydroxysuccinimide, NHS）反应 30 min。然后，加入 4 mL 上述所得 $Fe_3O_4@SiO_2-NH_2$ 微球的分散液，将所得产物用去离子水清洗。再次加入摩尔比为 2:1 的 EDC 和 NHS 继续反应 30 min，然后加入 6 μL 乙二胺，所得产物水洗，然后将所得产物分散于含有 20 mg 1,4,7,10-四氮杂环十二烷（轮环藤宁 1,4,7,10 tetraazacyclododecane, DOTA）溶液中反应 4 h，反应结束后将粒子分别用去离子水和乙醇清洗。然后，将其分散于 4 mmol/L 的 TbCl, TmCl, HoCl 以及 LuCl（摩尔比为 1:1:1:1）混合溶液中，于 70 ℃反应 6 h。所得产物经水洗后储存于 4 ℃，备用。

### 3.5.5 糖肽聚合物修饰的磁性微球

20 mg 叠氮基修饰的肽段溶于磷酸盐酸缓冲液溶液（10 mmol/L, pH=5.5）中，加入 50 mg EDC 以及 50 mg NHS，震荡 30 min，再加入 20 mg MNPs-NHS 微球，超声 5 min 后在室温下震摇 36 h，其中每隔 4 h，就加入 50 mg EDC 以及 50 mg NHS。所得 MNPs-dN$_3$ 微球经乙醇和去离子水充分清洗后分散于 4 mL 甲醇/水（v/v: 50/50）溶液中，备用。

将 4 mL MNPs-dN$_3$ 微球甲醇/水（v/v: 50/50）溶液超声 30 min，加

入 30 μL 催化剂溶液（抗坏血酸 / 硫酸铜, mmol/L/mmol/L：200/100），然后加入 5 mg 末端修饰炔基的麦芽糖。将整个反应物震摇 12 h 即得 dM-MNPs 微球，经甲醇、乙醇以及去离子水充分洗涤后真空干燥、备用。

dM-MNPs 微球为核壳结构，核心磁球的尺寸约为 170 nm。dM-MNPs 微球的磁饱和值经测算为 49.7 emu/g，说明其具有很强的磁响应能力。

在 dM-MNPs 微球中麦芽糖的含量约为 M-MNPs 微球中麦芽糖的含量的 15 倍，由此说明 dM-MNPs 微球具有极强的亲水性。通过水平衡触角分析可知，dM-MNPs 微球比 M-MNPs 微球具有更强的亲水性。

### 3.5.6 胍硅烷修饰的磁性硅球

首先，按照下列步骤合成胍硅烷单体：称取 3.4 g 2- 乙基异硫脲氢溴酸盐（2-ethyl-thiopseudourea hydrobromide）溶于 3.0 mL 二甲基亚砜（dimethyl sulfoxide，DMSO）与 3.4 mL 四氢呋喃（tetrahydrofuran，THF）的混合溶液中。磁性搅拌 20 min 后，于 0 ℃下，慢慢滴加 4.45 mL 3- 氨基丙基三乙氧基硅烷（3-aminopropyltriethoxysilane，APTEOS），然后将温度升至 25 ℃后搅拌反应 48 h。

其次，合成 $Fe_3O_4@SiO_2$ 微球。

最后，合成 $Fe_3O_4@SiO_2@GDN$ 微球：称取 400 mg $Fe_3O_4@SiO_2$ 微球分散在 80.0 mL Tris-HCl 缓冲液（pH=8.21，0.1 mol/L）中，然后加入 1.2 mL（3.17 mmol）上述合成的胍硅烷单体以及 0.6 mL（2.69 mmol TEOS，在 150 rpm 搅拌速度下反应 16 h，所得产物水洗后于 35 ℃反应 24 h。

为了确保 $Fe_3O_4@SiO_2@GDN$ 微球的成功合成，用 TEM 和 SEM 来观察 $Fe_3O_4@SiO_2$ 微球和 $Fe_3O_4@SiO_2@GDN$ 微球的形貌。$Fe_3O_4$ 微球的尺寸约为 200 nm，硅层厚约为 8.5 nm，含有胍的硅层则约有 20 nm。经 X 射线光电子能谱（X ray photoelectron spectroscopy，XPS）分析可知，$Fe_3O_4@SiO_2@GDN$ 微球表面的组成成分包括 N、C、O 以及 Si 元素。

### 3.5.7 聚乙烯亚胺修饰的磁性硅球

首先,按照下列步骤合成 $Fe_3O_4$ 微球:称取 2 g $FeCl_2 \cdot 4H_2O$ 和 6 g $FeCl_3 \cdot 6H_2O$ 分散于 15 mL 2mol/L 氮气除氧的盐酸中,然后滴加 30 mL 33%(v/w)氨水至上述混合液,在氮气保护下剧烈搅拌 30 min,在室温下剧烈搅拌 1 h。将所得磁性微球用去离子水冲洗 3 遍,最后将其分散于 50 mL 乙醇中超声 30 min 使其重悬浮。

合成 $Fe_3O_4@SiO_2@PEI$ 微球的方法如下:将上述所得 50 mL 磁性微球溶液与 9 mL 氨水、0.15 mL TEOS 以及 7.5 ml $H_2O$ 混合。在 40 ℃下剧烈搅拌反应 2 h。所得产物水洗后再分散于 50 mL $H_2O$,加入 120 mg PEI 后剧烈搅拌 12 h。清洗后超声分散于 50 mL 水中。

对 $Fe_3O_4@SiO_2$ 微球和 $Fe_3O_4@SiO_2@PEI$ 微球的电动电势测试分析,可知 $Fe_3O_4@SiO_2$ 微球是带负电荷的,通过极强的静电相互作用修饰上 PEI 后,表面 ξ 电位由 −32 mV 增至 34 mV,整个微球的表面带上正电荷。当溶液的 pH 值达 11 时,$Fe_3O_4@SiO_2@PEI$ 微球的表面 ξ 电位开始降低,在 pH 值为 3~10 的范围内,$Fe_3O_4@SiO_2@PEI$ 微球保持带有正电荷。

# 参考文献

[1] 李凤生,杨毅.纳米功能复合材料及应用 [M].北京:国防工业出版社,2003.

[2] 张世远.磁性材料基础 [M].北京:科学出版社,1988.

[3] 都有为,罗河烈.磁记录材料 [M].北京:电子工业出版社,1992.

[4] 赵志伟,方振东,刘杰.磁性纳米材料及其在水处理领域中的应用 [M].哈尔滨:哈尔滨工业大学出版社,2018.

[5] 车如心.纳米复合磁性材料 制备、组织与性能 [M].北京:化学工业出版社,2013.

[6] 官建国,马永梅,王长胜.高分子学报,1997（3）:277-282.

[7] 罗付生,丁建东,李凤生.中国粉体技术,2002,8（3）:10-12.

[8] 程彬,朱玉瑞,江万权,等.化学物理学报,2000,13:359-362.

# 第4章

## 纳米磁性液体的制备及表征技术

纳米磁性液体是一种重要的高科技材料,属于前沿研究领域,极具发展前景。本章主要对磁性液体的制备方法、应用、性能,纳米磁性液体的制备,$Fe_3O_4$纳米磁性液体的制备进行了详细叙述。

## 4.1　磁性液体概述

磁性液体(magnetic fluid/ferrofluid)是由单分子层(2 nm)表面活性剂(surfactant)包覆的直径小于 10 nm 的单畴磁性颗粒高度弥散于某种载液(carrier liquid)中而形成的稳定"固 - 液"两相胶体溶液。

### 4.1.1 磁性液体的制备方法

按照磁性液体所含纳米级磁性颗粒的种类,大体可分为铁酸盐系、金属系、氮化铁系三类。

铁酸盐系磁性液体的磁性颗粒选用 $Fe_3O_4$、$\gamma\text{-}Fe_2O_3$、Co、Ni、$Fe_2O_4$等,制备方法有粉碎法(球磨法)、化学共沉法和胶溶法等。

金属系磁性液体的制备方法有 CO 羰基热分解法(例如,在甲苯中加入丙烯酸盐系的共聚物和CO羰基进行回流时,通过CO羰基的分解,生成CO磁性液体)和真空蒸镀法(例如将含表面活性剂低挥发性溶剂装入旋转滚筒,将滚筒内部抽成真空,使金属Fe或CO蒸发时,表面活性剂以蒸发金属吸附在滚筒表面,生成金属磁性液体。)

氮化铁系磁性液体的制备方法有热分解法、等离子CVD法、化学气相沉积法、气相-液相反应法、等离子体活化法等。

### 4.1.2 磁性液体应用

目前,磁液的研究和开发为机电制造、电子设备、仪器仪表、石油化工、航天、冶金、环保、轻工、医疗卫生等方面提供了帮助,为许多历来难以解决的问题提供了新的解决途径。

(1)利用磁液的性能(如黏度特性、声学特性、温度特性、光学特性等)在磁场中的改变。如利用磁液在磁场中透射光的变化可制造光传感器、磁强计;利用磁液的(表观)黏度在磁场中的变化可制造惯性阻尼器;利用其液面在磁场中的变化(界面扰动,宏观交错分布)可制造压力信号发生器、电流计,以及新型扬声器、热能转换器、水声器件等。

(2)利用外加磁场与磁液作用产生的力(受力、流动或保持在一定位置)。最常见的是磁液密封,利用的是磁液受磁场约束的原理。

(3)利用磁液在梯度磁场中产生的悬浮效果(表观密度变化)。可制造密度计、加速度表、轴承、陀螺、光纤连接装置、继电器等,也可用于润滑、研磨、印刷、医疗、选矿、废水处理等领域。

(4)利用磁场控制磁液的运动。例如利用其流动性可制备药物吸收剂、治癌剂、造影剂、流量计、控制器等,还可应用于生物分子分离等研究。

(5)利用磁液的热交换。可制成能量交换机、液体金属发电机等。磁液的应用范围相当大,目前较为广泛和成熟的应用技术有磁液密封技术、磁液润滑技术、磁液研磨技术以及磁液扬声器、磁液阻尼器及磁液传感器技术,其中最广泛的应用是在密封领域。

#### 4.1.2.1 磁性液体在矿物分离中的应用

从矿山挖出的矿石需分离出富铝矿石和富铜矿石等,有时也要从机械废品中分离出密度不同的物质。将待分离混合物置于适当密度(介于密度较大的矿物和密度较小的矿物之间)的液体中,在搅拌下可实现矿物的机械分离。水银是符合要求的矿物分离介质,但其成本高、具有毒性而不适于工业应用。将磁液置于磁场梯度下,可以改变磁液的表观密度,液体密度增大,所产生的浮力也增大,利用磁液的这一性质,可以通过改变外磁场的强度和磁场梯度来改变磁液的表观密度,将其表观密度调整到介于待分离的两种物质的密度值之间。

例如,从砂金重选精矿中回收金的新型工业设备,利用了清洁的磁选法,生产过程中不使用汞,与汞齐技术相比,它的金回收率高,可达98.6%~99.5%。开发的整套设备已在俄罗斯金矿获得工业应用,可以有效地回收更多的宝石(金刚石、红宝石),半宝石(红榴石、贵橄榄石等)和人造金刚石。

#### 4.1.2.2 磁性液体扬声器

随着科学技术的发展和人民生活水平的不断提高,人们对音响系统的保真度提出了更高的要求。在大型落地式音响系统中,需要进一步扩大动态范围;在小口径扬声器中,需要解决低音不足的问题。若把磁液应用于扬声器,就能满足上述要求。

磁液扬声器的结构与一般扬声器的结构基本相同。在普通扬声器音圈的气隙中灌入少量磁液,就可改善扬声器的性能。其主要原因是磁气隙中灌入的是磁液,扬声器的磁场能把磁液局限在磁气隙里,将热量传导至磁路,由于磁液的热导率远大于空气,因而散热效果大大改善,功率可提高一倍。同时,磁液吸附于磁极上,对音圈产生了自动的定心作用,防止音圈与磁极产生摩擦,使扬声器振膜平滑振动。具有一定黏度的磁液还对扬声器的谐振起到阻尼作用。另外,由于磁液可使扬声器功率增加,因而可在不减少功率输出的情况下扩大低音频率范围。总之,磁液扬声器的优点是输出功率高,频率特性好,动态范围大,提高磁通密度和效率,尤其是扩展了小口径扬声器的低音区域。

随着输入功率的增加,音圈的温度会明显升高,将导致磁液蒸发。一般采用非挥发性液体作为基载液,如碳氢化合物、硅酮、碳氟化合物和二酯系等。磁液的黏度在 0.1 Pa·s 左右,也可根据扬声器的特殊要求而定。

磁液的注入使磁隙下面的空腔变成密闭状态,音圈产生的热量会使空腔内的空气膨胀,造成压力升高。在低音范围内,音圈的振动幅度很大,也导致压力升高。当输入音频电流增大到一定值时,磁液就会飞溅出去。在底板上打孔,可有效防止磁液在低音大功率时的飞溅问题。

磁液具有一定的黏度,且磁力使它呈现一定的水平状态。所以它对音圈的振动存在弹性反作用力,从而起到定位作用,这可省去扬声器中用作定位的弹簧支架片。与普通扬声器相比,磁液扬声器还具有承受功率高、改善频率特性、提高磁通密度、提高效率等独特优点。

### 4.1.2.3 磁性液体变压器和电感磁芯

电力是现代社会中不可或缺的能源,输变电要用到变压器,铁芯是变压器的重要组成部分。它的主要作用是构成磁路(另一主要构件线圈的主要作用是形成电路)。变压器中的铁芯和线圈在工作时会产生大量的热量,不仅降低了动能,而且会使变压器损坏,因此常需设计冷却装置。传统的变压器是利用油间接除热,要用到大量的变压器油且效率较低。将铁芯用磁液代替并使之循环流通,便可冷却和散热。由初级或次级线圈所产生的热量被磁液吸收并送至散热器进行冷却,散热效率高,铁损较小,而且节省变压器油,保养简单,无公害。

目前在调谐回路式变压器的电感中都采用罐式铁芯。若把磁液注入磁芯的绕组间隙,则可补充磁芯磁路,仪表充分利用间隙,从而使磁芯小型化和高效化。

4.1.2.4 磁性液体磁光效应的应用

磁液的磁光效应是指光通过磁液薄膜时,施加于磁液薄膜的磁场会造成很大的磁光效应,可用于磁场感测器、光电元件等。将磁铁接近磁液薄膜施加磁场,或远离磁液薄膜除去磁场,可使光透过或不透过,在施加磁场的状态下,因为光透过而得到日光灯的影像,除去磁场时全变暗。磁液装于瓶中时,为黑色不透明液体,但若在液体状态下形成 10 μm 厚的薄膜,则可使光透过。对磁液薄膜施加磁场时会产生复折射性,此复折射性为硝基苯同种效果的 1 000 万倍到 1 亿倍。

(1)磁液磁场感测器。

磁液薄膜的磁复折射率非常大,所以来自光子的信号不经由放大器,可直接连接于量表,又因用光纤,故可抵抗杂讯干扰。因此,可制成比传统磁感测器便宜且高性能的磁场感测器,进而制成非接触性电流计等。

(2)光快门与光调变器。

根据磁液的磁光效应可使用磁场感测器检知透过光量从而测定未知磁场。磁液薄膜以电磁铁施加磁场,可控制外加磁场,从而控制透过光量,以此法可制成光快门及光调变器。偏光子与检光子夹着磁液薄膜使偏光面直交配置,使光入射于此系统。在电磁铁未通电流时,无磁场,所有光完全不透过,若接通电流回路的开关,会产生磁场,使光透过,此即快门作用。磁液磁光效应的响应时间为 $10^{-7}$ s,可用为高速快门。

若用交流电,1 s 间可多次开闭快门,比起照相机用快门,因无机械性可动部分而更易保养。

施加的磁场越大透过的光量也大,以可变电阻器控制通往电磁铁的电流量,即可实现磁场控制,从而控制透过光量。调节电流大小,因光的透过光量本身可调变,可制成光调变器。若以偏光滤光镜夹着磁液薄膜,可与液晶显示元件同样使用。但液晶显示元件是外加电压而工作,磁液薄膜显示元件是外加磁场而工作。

(3)光双安定性元件。

光入射于某种物质时,在某入射光强度下物质不透明,但当达到某入射光强度即可透明。反之,减少入射光强度,则以某入射光强度为界,从透明变为不透明。但在光强度增加或减少过程中转变入射光强度值却不相同,形成类似磁滞回线的循环,这种性质称为光双安定性,这样就有两个透射光强度几乎不随入射光强度而变化的区域。利用此两部分性质,可制作入射光的安定装置和光计算机的记忆体。

(4)光信号放大器。

适当选择磁液光双安定性装置中的偏压 $V_0$,可消除线圈中的电流相位滞后,即将环形带的宽度减小,这时较小的入射光就能得到较大的透射光,利用此关系可发挥光信号的放大作用。

### 4.1.2.5 磁性液体在微波元件上的应用

使聚苯乙烯类非磁性物质形成的微米级球状粒子分散于磁液中,因为这种微米级粒子远大于磁液中强磁性胶体粒子,因而在磁液中呈孤立分散状,即从这些非磁性微粒子角度看,磁液可看成连续体。把此含有非磁性微米级粒子的磁液制成 10 μm 或 100 μm 的薄膜,若施加外部磁场,分散于磁液中的非磁性粒子将呈现某种排列,外部磁场与膜平行,则非磁性微粒互有引力作用而呈链状集合;外部磁场垂直于膜,则非磁性微粒互斥而成三角格子或四角格子,而且斥力也因外部磁场而变化,在某外部磁场强度以下不形成格子,在某外部磁场以上形成格子。这种情况类似结晶的生成。把非磁性微粒子当成分子,模拟彼此斥力变化而成为类似为结晶相或非结晶相之间的相互转移现象。

利用上述薄膜的特性,使微波垂直于膜,透过此膜,微波的电向量平行于外部磁场的波在膜中被吸收。根据这个原理,可制成微波元件。

### 4.1.2.6 磁性液体热引擎(磁液热管)

引擎是发动机的核心部分,因此习惯上也常用引擎指发动机。引擎的主要部件是汽缸,也是整个汽车的动力源泉。严格意义上讲,世界上最早的引擎是由一位英国科学家在 1680 年发明的。

磁液的磁化强度随温度的上升而减少,磁化强度在某温度下为零,利用此现象可制成引擎,此引擎全无曲柄、凸轮等复杂的机构。磁液热引擎装置,通过磁场加热磁液,通过磁液的循环实现热交换,即形成一种磁液热机。

### 4.1.2.7 磁性液体黏度可控性的应用——阻尼与减振

磁液施加磁场后表观黏度会改变,此变化的试验结果远大于理想的预测值。施加磁场而改变黏度的性质可有多种用途。

(1)阻尼器。

安置天平、光学装置等精密仪器,需隔绝外来振动,即需要除振台。一般用空气阻尼器(汽缸)效率不是很高。向缓冲缸中加入磁液,薄圆盘状永久磁铁 N-S 极交错多层叠置制成活塞,将活塞插入装有磁液的缓冲缸。

由于磁性活塞的作用,作用于周围的磁液的表观黏度非常大,活塞上下运动时,活塞 - 圆筒间的磁液也随之运动,对振动产生很大的衰减作用。

(2)伺服阀。

液体在管道中流通时,调节液体流量的元件称为伺服阀。借激励线圈改变磁场强度,改变通过螺旋通路的磁液黏度,从而控制通过的磁液流量。

(3)磁液在减振器中的应用。

磁液在减振器中的应用可分为磁液用于阻尼不可调减振器和磁液用于阻尼可调减振器等情况。

### 4.1.2.8 磁性液体在磁墨水射流印刷系统中的应用

磁墨水射流印刷系统由液滴形成器(喷嘴)、电磁选择器、偏转器、液槽和印刷纸组成。从印刷质量来看,由于磁墨水微滴中有氧化铁,它具有磁性,因而这是一种存档式印刷。

制备磁墨水的方法很多,射流印刷用的磁墨水是在不饱和脂肪酸涂覆的磁性微粒上再加上变润剂和界面活性剂,前者使微粒更易悬浮在水中并降低微粒间界面张力,后者用以加强微粒间双电层静电排斥力,减少磁吸引力与范德瓦耳斯力。

磁液还可用于磁记录平面扫描型印刷机等。

### 4.1.2.9 磁性液体轴承在电动机中的应用

利用磁液可以被磁场控制及可用作润滑剂这两种特性,可制成磁液轴承。事实上,磁液的心轴润滑即为磁液轴承的一种,磁液起到了润滑和将心轴浮起的作用。一般磁液轴承的原理是由磁场力将磁液固定于极间位置,从而将液体或空气密封在环形腔内,形成液体或气体支撑轴承。如果激光打印机的电动机使用滚珠轴承或空气轴承,那么不仅无法满足随着其越来越高的成像的高速化与精细化要求,而且还可能会被油污污染,所以激光打印机的电动机使用新型的磁液轴承。相比滚珠轴承和空气轴承,磁液轴承采用双重密封结构(一是由磁液与永磁铁组成的磁性密封;二是利用磁液本身黏性及旋转密封槽形成的黏性密封),可以提高密封性,满足激光打印机对成像的高速化与精细化的要求。

磁液轴承用于激光机械驱动电动机,具有转速高、旋转精度高、振动小、体积小、噪声低等优点。

### 4.1.2.10 磁性染料

把染料附载于磁液即可得到磁性染料。将需要染色的布料置于强磁场中,如通过由强磁铁制成的辊子,根据图案加入相应的磁性染料,磁场将染料吸附在布料上,烘干后再用强磁场将铁粉除去。由计算机控制染色工艺可染出各种图案和花色的布料。

### 4.1.2.11 油水分离和废水处理

以碳氢化合物作为基载液的磁液具有亲油和疏水的特性。若将漂浮于水面上的油喷洒上这种磁液,则磁液便与油相混合,将一磁场较强的永久磁铁加到水面上,则油与磁液的混合物被磁铁吸收,实现油水分离。该方法可以回收泄漏于海面上的石油,也可用于处理含油的废水。

### 4.1.2.12 其他方面的应用

其他主要应用和新的应用动向有:动密封,真空密封,气体密封,液体密封,磁液血管密封与药物血管中输送,磁液定位,热传导散热,磨削与抛光,磁控比例放大器,磁共振显像,稀土磁液,磁回路,线性源麦克风,涂镀系统,环境和气压机控制泄漏,油罐水车密封,半导体,运动部件控制,达松伐耳磁流计,检测仪器(无损检测、传感器),沉浮分离,金属分选,失重下的记录笔,磁性燃料,水下低频声波发生器磁液制动装置,磁液药物,药品定位,生物分离,X-射线检查用造影剂(代替钡餐),磁性血栓,等等。

尤其是动密封,在精密仪器、精密机械、气体密封、真空密封、压力密封、旋转密封离心密封、直线密封等方面有重要应用,可形成液体"O"形环,具有零泄漏、用量少、防振、无机械磨损、摩擦小、低功耗、无老化、自润滑、寿命长、转速适应范围宽、结构简单、对轴加工精度及光洁度要求不高(允许轴有一定跳动)、密封可靠等优点。目前主要的有前景且具有可操作性的密封应用有:SL-2 型湿式罗茨真空泵(转子轴),磁控溅射镀膜(工件架转轴),真空卷绕镀膜机(收入卷及工件架旋转轴),N03204型离子注入机(挡板摆动轴),X-射线衍射仪(阳极靶旋转轴动密封),微晶钕铁硼真空快淬设备(转轮旋转轴),真空焊接机(工件架),硅单晶炉(坩埚与粒晶旋转轴),$CO_2$ 激光器(离心风扇旋转轴),X-射线管(转轴阳极),飞行时间质谱仪(高速转轴),纺织机械(设置隔绝密封屏障),机床(主轴),计算机(磁盘转动轴),机器人(旋转关节),深水泵(电机轴),舰、船(螺旋推进器轴),环氧树脂脱气炉(搅拌器主轴),化学反应(搅拌轴)等。

随着新兴科学——生物磁学的发展,磁液在生物医学领域的应用尤为引人注目。例如,用磁液分流技术实现生物物料提纯,鉴别微量有机物、细胞,诊断和处理人的血液和骨髓疾病等。尤其需要指出的是,磁液在医学医疗方面的应用前景十分诱人,如靶向药物,医用纳米机器人胶囊,血液中纳米潜艇——治疗、清洁血液、打通血栓、分解胆固醇等。

# 4.2 磁性液体的性能

## 4.2.1 磁特性

物质放入磁场中会表现出不同的磁学特性,称此为物质的磁性。就目前人们已知的磁性类型而言,物质显示的磁性大致可分为强磁性(铁磁性和亚铁磁性)和弱磁性(反铁磁性和顺磁性)。直到现在,人们也还一直认为,这些磁特性是发生在固体而不是液体上,直到磁性液体问世以后,人们才意识到这些磁特性不仅发生在固体,也发生在液体,我们所说的磁性液体就是其中之一。它是属于超顺磁性的固液两相胶体溶液,其中 10 nm 左右的单畴磁性微粒 1 L 中大约溶入 100 个,这些磁性微粒在不施加外磁场时做无规则的布朗热运动,它们的磁矩是混乱无序、任意取向的,颗粒的磁矩各不相同,磁性相互抵消,微粒在载液中的分布呈随机均匀状态,固有密度各向相同。当施加外磁场时,微粒的磁矩便趋向化,磁性液体处于被磁化状态,因此饱和磁化强度 $M_s$ 是磁性液体基本性能指标之一,其磁化退磁 - 磁化过程曲线呈 S 形,说明磁性液体没有矫顽力和剩余磁感应强度。

利用磁性液体在磁场中的磁特性可以做成很多显示磁性的演示教具和模型,乌龟"爬坡" [1] 就是其中一例(图 4-1),这是纳米磁性微粒带动磁性液体整体向磁力大的方向运动的结果。直角三角形状的永久磁铁,其磁场力是随着磁铁厚度的增加而增加的。磁性液体在磁场中具有磁性,它会向磁场强的方向运动。

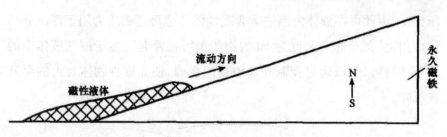

图 4-1 乌龟"爬坡"

磁性液体流速与磁感应强度成反比,当磁性液体从一个非铁性的管中流过时,如果在管外加以如图 4-2 所示的磁场,那么流体的流速就会随着磁感应强度的增大而减小。

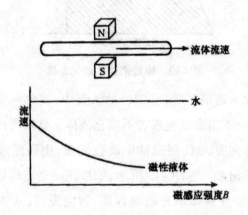

图 4-2 磁性液体流速与磁感应强度的关系图

### 4.2.2 悬浮特性

磁性液体纳米微粒的分布与磁场梯度有关。磁场梯度等于零时,呈随机均匀分布;磁场梯度不等于零时,呈梯度分布;磁场梯度大的液层,磁性微粒聚集的多;磁场梯度小的液层,磁性微粒聚集的也少[2]。

当外部施加磁场时,磁性液体内部的压力会因其磁化而上升。图 4-3 中阴影部分的面积,即 $\int J\mathrm{d}H$,是该液体受磁场强度为 $H$ 的磁场磁化所需做的功,近似地讲,与此相当的能量以磁压力的形式存储于磁液中。这种内部压力可由磁场加以控制。例如,通过施加非均匀磁场,可产生内压梯度,由此可在液体内部输运非磁性体。也可把磁压力用于浮沉分离等应用上,甚至相对密度为 10 的物质也可被浮起。置于磁性液体中的非磁性物体,可以通过控制外加磁场的强弱,使非磁性物体自由的浮升或沉降。

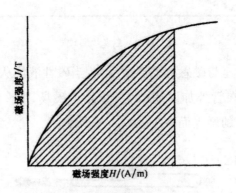

图 4-3　磁性液体的磁化曲线

取两支相同的玻璃试管,将铜线放入其中,其中一支玻璃试管用磁性液体填充,另一支用水填充或者不填充液体。然后将两只玻璃管按照图 4-4 所示的方向方入 U 型磁铁中就会发现,用磁性液体填充的试管中的铜线会被顶出来。如图 4-5 所示,如果在一个玻璃容器里放入一块永久磁铁,并用磁性液体填充玻璃容器,就会发现,永久磁铁会在充满磁性液体的玻璃容器中自由漂浮,而不是沉底。

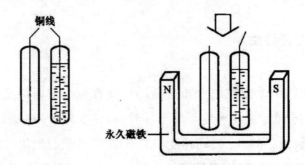

图 4-4　铜线在磁性液体中自由漂浮

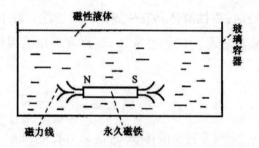

图 4-5　磁铁在磁性液体中可自由漂浮

### 4.2.3 界面控制

磁性液体的表面在磁场力的作用下会产生特殊的变形,发生有趣的界面现象。如图 4-6 所示,在玻璃容器中盛入磁性液体,并沿垂直于液体界面的方向施加磁场,由于磁场产生的静磁场能有使界面扩张的作用,从而使表面张力减小。如果上述扩张作用大于液体的表面张力,则表面将变得不稳定,并可产生钉头状(针状)突起。在其他液体的界面上,会形成类似迷宫或磁泡状的泡粒,这些可由外加磁场诱发和控制,随着磁场的增强,这种钉头状(针状)突起现象也随之增大。

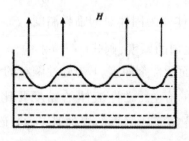

图 4-6　界面不稳定现象

### 4.2.4 黏度特性

黏度是磁性液体的主要性能指标,主要取决于是否有磁场作用,以及载液的黏度和纳米磁性微粒的含量。

在无外磁场时，磁性液体具有牛顿流体的特性。对于磁性微粒含量体积比小于 1% 的较稀薄的磁性液体，其黏度可用爱因斯坦（Einstein）公式计算。

$$\frac{\eta_s}{\eta_0} = 1 + 2.5\phi$$

式中，$\eta_s$、$\eta_0$ 分别为磁性液体、基液的动力黏度，kg/（m·s）；$\phi$ 为微粒的体积百分比。

这种低磁化强度的磁性液体实际应用很少。对于磁性微粒含量体积较高的高磁化强度的磁性液体，其黏度可以用下式表示。

$$\frac{\eta_s}{\eta_0} = \frac{1}{1 + a\phi + b\phi^2}$$

式中，系数 $a$、$b$ 可由不黏度时 $\phi$ 的取值确定。当 $\phi$ 较小时，忽略高阶项后可得 $a = -\frac{5}{2}$。当流体处于由液体变为固体的临界浓度时，$\phi = \phi_c$，而 $\frac{\eta_s}{\eta_0} \to \infty$，由此可得，$b = (2.5\phi_c - 1)/\phi_c^2$，因而黏度与浓度的关系可由布鲁恩（De Brurn）公式表示为

$$\frac{\eta_s - \eta_0}{\eta_s} = 2.5\phi - \frac{(2.5\phi_c - 1)\phi^2}{\phi_c^2} \tag{4-1}$$

式中，$\varphi_c$ 为由液体变为固体时的临界温度。

若考虑表面活性剂的厚度，则式（4-1）中的 $\phi$ 中应以 $\phi(1 - \delta/r)^3$ 来代替。其中，$\delta$ 为表面活性剂厚度，$r$ 为磁性颗粒的半径。

由于磁性颗粒的存在，磁性液体的黏度要比其基液的黏度大得多。图 4-7 为由旋转黏度计测得的煤油基 $Fe_3O_4$ 磁性液体的黏度与密度的关系。因为磁性液体的磁化强度随磁性颗粒浓度的增加而增加，所以，当基液一定时，$\eta$ 随 $M_p$ 的增加而增加，对于 $Fe_3O_4$ 磁性液体，当 $M_p < 0.06$ T 时，其 $\eta$ 与 $M_p$ 基本上是线性关系，当 $M_p > 0.06$ T 时，$\eta$ 非线性地急骤增加。如图 4-8 所示，磁性液体 $M_p$ 的提高受到 $\eta$ 的限制。

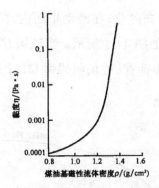

图 4-7　磁性液体的黏度与密度的关系

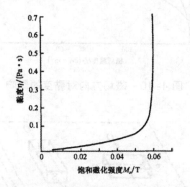

图 4-8　磁性液体的黏度与饱和磁化强度的关系

另外, $\eta$ 大小还与温度 $T$ 有关, $\eta$ 随 $T$ 升高而减小。如图 4-9 所示, 在外磁场的作用下, 磁性液体的 $\eta$ 将发生变化。

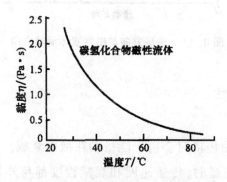

图 4-9　磁性液体的黏度与温度的关系

如图 4-10 所示, $\eta$ 的大小不仅与磁场强度的大小有关, 还与其方向有关。磁性液体的黏度除受磁场强度大小的影响外, 还受磁场方向的影响。磁性微粒沿磁场方向磁化,在滑动平面内,微粒以与滑动方向垂直的轴 $O—O'$ 进行回转,如图4-11所示。当磁场方向与滑动方向平行时,则磁场方向与 $O—O'$ 轴垂直,磁场阻碍微粒的回转,滑动阻力增加,体现为黏度的增加。

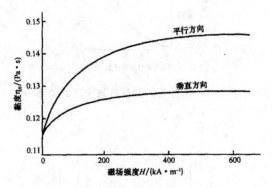

图4-10 磁场方向对黏度的影响

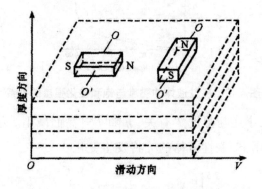

图4-11 磁场方向与磁性液体滑动方向

## 4.2.5 声学特性

声波在液体中传播时会由于能量的耗散而衰减。对铁磁性液体而言,声波在其中传播时,传播速度和衰减程度都与外加磁场有很大关系,并且呈现各相异性,此外还与基液的黏度、温度、固体磁性粒子粒径大小及体积份额有关[3]。

### 4.2.6 光学特性

磁性液体大多为暗褐色、黑色,不透明,若制成只有几微米厚的磁性液体膜,则光线可以通过。无外加磁场时,其光学特性为各向同性;在外加磁场的作用下,磁性粒子定向排列,而使磁性液体成为各向异性媒质,会产生光的双折射效应和二色性现象,而且随着外加磁场强度和方向的不同双折射效应和二色性现象程度也不同[4];另外,磁性液体的组成之一是纳米级磁性微粒,事实上所有的金属在纳米微粒状态下均呈现为黑色,尺寸越小,颜色越黑,表现出宽频带强吸收、蓝移(吸收带移向短波方向)现象,主要是由可见光的反射率低及强吸收等所致[5]。

# 4.3　纳米磁性液体的制备

纳米磁液制备的一般方法是采取各种措施使铁磁性颗粒在基载液中弥散开来。为了使其能够长期悬浮而不聚结,往往加入表面活性剂对磁性粒子进行包覆。但是,要获得高磁化强度、高颗粒浓度、高稳定性的磁液,还需精制以消除大的颗粒。

在纳米磁液的研究过程中,通常表面活性剂和基载液是根据需要选定的,可选择数种表面活性剂进行试验比较,而主要的制备工作是纳米磁性粒子的合成与制备。为了适应特种需要而必须合成新型表面活性剂和新型基载液时,表面活性剂和基载液的制备也将变得十分重要。

### 4.3.1 物理方法

(1)粉碎法或称 up-down 法。

即以大块物质为原料,将块状物质粉碎、细化,从而得到不同粒径范围的超微颗粒。粉碎法可采用不同的超微粉碎设备。

近年来国内有学者在超声波作用下利用高速剪切研磨的方法制备纳米磁液,提高了效率,并取得了良好的效果。传统粉碎法利用的是纯机械力,属于长程力,对常规粉碎效率高,但对于微粉碎效率低;超声波粉碎利用的是短程作用力,常规粉碎虽不太起作用,但对微粉碎恰恰效率高。传统的粉碎法之所以费时费力,主要是由于颗粒在粉碎到一定尺度时,表面产生的微裂纹非常容易自行愈合,使其不能进一步扩展而达到进一步粉碎的目的,造成粉碎效率低,相应地带来耗电量大、成本高、纯度低等缺点。加入表面活性剂研磨时,可在一定程度上阻止微裂纹的愈合,但作用有限。机械粉碎与超声波粉碎结合后,二者相互弥补,延缓微裂纹愈合,并且在超声波作用下表面活性剂更易渗入微裂纹中,进一步阻止裂纹愈合并起到楔子作用,从而大大提高磁液的研磨效率。

(2)构筑法或称 bottom-up 法。

即由小极限原子或分子的集合体人工合成超微颗粒。构筑法包括蒸发 - 凝聚法、离子溅射法、冷冻干燥法、真空蒸发法及火花放电法等。

①蒸发 - 凝聚法。蒸发 - 凝聚法是将原料加热、蒸发使之成为原子或分子,再使许多原子或分子凝聚生成极微细的超微颗粒。常用的方法有金属烟粒子结晶法,流动油面上真空蒸发沉积法以及等离子体加热蒸发法、激光加热蒸发法、电子束加热蒸发法、电弧放电加热蒸发法、高频感应加热蒸发法、太阳炉加热蒸发法等。

②离子溅射法。将两块金属极板(阳极和阴极靶材)平行放置在氩气中(低压环境,压力为 40~250 Pa),在两极间加上数百伏的直流电压,使其产生辉光放电,两极板间辉光放电中的离子撞击在阳极上,靶材中的原子就会由其表面蒸发出来。调节放电电流、电压及气体压力,可实现对超微颗粒生成各因素的控制。

③冷冻干燥法。先使待干燥的溶液喷雾在冷冻剂中冷冻,然后在低温低压下真空干燥,将溶剂升华除去,即可得到相应物质的超微颗粒。

④真空蒸发法。日本学者中谷首先研究了利用真空蒸发法制备磁液。中谷在图 4-12 所示的旋转真空圆筒中(抽成真空的钟罩),把金属

蒸发,形成超微粒子,进而制备磁液。其过程是：含表面活性剂的溶媒滞留于旋转的圆筒容器底部,随圆筒容器的旋转；在混合溶液在圆筒内面形成膜而上升,并布满整个圆筒内面；位于圆筒中心的金属物质被热蒸发飞起,在圆筒内面液膜处被捕获、凝固,形成金属超微粒子,被导往下方的混合溶液中,形成磁液。

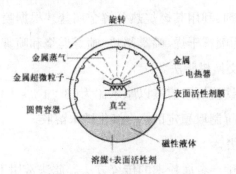

图 4-12　真空蒸发法的装置

⑤其他方法。主要包括火花放电法、爆炸烧结法、活化氢 - 熔融金属反应法等。

### 4.3.2 化学方法

（1）气相化学反应法。

利用挥发性的金属化合物的蒸气,通过化学反应生成所需要的化合物,在保护气体环境下快速冷凝,从而制备各类物质的超微颗粒。一般用加热和射线辐照方式活化反应物中的分子,常用的有电阻炉加热、化学火焰加热、等离子体加热、激光诱导、γ 射线辐射等多种方式。

（2）沉淀法。

在溶液状态下将不同化学成分的物质混合,在混合溶液中加入适当的沉淀剂制备超微颗粒的前驱体沉淀物,进行洗涤、分离,再将此沉淀物进行干燥或煅烧,从而制得相应的超微颗粒。

（3）水热合成法。

水热合成法一般是在 100 ~ 350 ℃下和高压环境下使无机或有机

化合物与水化合,通过对加速渗析反应和物理过程的控制,得到改进的无机物,再进行过滤、洗涤、干燥,从而得到高纯、超细的各类超微颗粒。

（4）喷雾热解法。

将含所需正离子的某种金属盐溶液喷成雾状,送入加热设定的反应室内,通过化学反应生成微细的粉末颗粒。一般情况下,金属盐的溶剂中应加可燃性溶剂,利用其燃烧热分解金属盐。根据喷雾液滴热处理的方式不同,可分为喷雾干燥、喷雾焙烧、喷雾燃烧和喷雾水解四类。

（5）阴离子交换树脂法。

把含铁和亚铁盐的水溶液以摩尔比为（3∶1）~（1∶1）混合,用阴离子交换树脂法可制取稳定的 γ - 氧化铁水溶胶。

（6）氢还原法。

氢还原法是生产金属粉末的传统方法。此法常用于在冶金过程中,但大都为气 - 固还原。

（7）溶胶 - 凝胶法（湿化学共沉法）。

用液体化学试剂配制金属无机盐或金属醇盐前驱物。前驱物溶于溶剂中形成均匀的溶液,溶质与溶剂产生水解或醇解反应,生成物经聚集后,一般生成 1 nm 左右的粒子并形成溶胶。经长时间放置或干燥处理,溶胶转化为凝胶。借助萃取或蒸发除去凝胶中的大量液体介质,并在远低于传统的烧结温度下进行热处理,最后形成相应物质的化合物微粒。

铁盐和亚铁盐在水中反应,会形成磁性 $Fe_3O_4$ 粒子,化学反应式为

$$Fe^{2+} + 2Fe^{3+} + 8OH^- \longrightarrow Fe_3O_4 + 4H_2O$$

氯化铁和氯化亚铁在氢氧化钠水溶液中反应得到 $Fe_3O_4$,化学反应式为

$$FeCl_2 + 2FeCl_3 + 8NaOH \longrightarrow Fe_3O_4 + 8NaCl + 4H_2O$$

也可以用硫酸铁和硫酸亚铁生成磁性 $Fe_3O_4$。如此形成的 $Fe_3O_4$ 超微粒子由油酸等表面活性剂包覆,经水洗脱水,分散于二甲苯等溶媒中,即可制得磁液。

### 4.3.3 综合方法

（1）激光诱导气相化学反应法。

激光诱导气相化学反应法利用大功率激光器的激光束照射反应气体,反应气体通过对入射激光光子的强吸收,气体分子或原子在瞬间得到加热、活化,在极短的时间内反应气体的分子或原子获得化学反应所需要的温度后,迅速完成反应、成核、凝聚、生长等过程,从而制得相应物质的超微颗粒。

（2）等离子体加强气相化学反应法。

等离子体加强气相化学反应法是等离子体在高温焰流中的活性原子、分子、光子或电子在其以高速度射到多种金属或化合物原料表面时,就会大量溶入原料中,使原料瞬间熔融,并伴随原料蒸发。蒸发的原料与等离子体或反应性气体发生相应的化学反应,生成各类化合物的核粒子,核粒子脱离等离子体反应区后,就会形成相应化合物的超微颗粒。

（3）紫外线分解法。

紫外线分解法以高能量光（紫外线）取代热分解法分解有机金属,制备金属超微粒子,形成磁液。这是一种制备含镍磁液的方法。

（4）热分解法。

将化学上不安定的有机金属进行热分解,析出金属单体,此时,析出的金属超微粒子分散于溶媒中,形成磁液。利用 Kilner 方法制备铁胶体粒子磁液。利用 Thomas 方法制备 Co 胶体粒子磁液。

（5）其他综合法。

其他综合法包括电解法、γ - 射线辐照法（γ 射线 - 水热结晶联合法）、电子辐照法、相转移法等。

# 4.4 $Fe_3O_4$ 纳米磁性液体的制备

### 4.4.1 制备方法讨论

　　磁液的制备方法在很大程度上取决于纳米磁性粒子的制备方法(自制表面活性剂或基载液时还要考虑表面活性剂和基载液的合成问题等),纳米磁性粒子制备方法是复杂多样的。机械粉碎法虽然简单,但不能保证质量和性能,且用时较长。物理方法中的离子溅射法、冷冻干燥法、火花放电法、爆炸烧结法及活化氢-熔融金属反应法,化学法中的水热合成法、喷雾热解法等都是较好的制备方法,但所要求的技术条件较复杂。物理法中的蒸发-凝聚法、化学法中的气相反应法,比较适合制备超微磁性粒子,并且易于与强磁性粒子的表面包覆改性及其在基载液中的分散相结合,其难点是高温加热源的选择和使用,设备较昂贵,某些设备需要自制。另外,还可考虑购买微米级强磁性微粒,再进行超声波粉碎(或用其他高能粉碎方式),这主要需研究提高其粉碎效率和增大产率问题,且设备较复杂庞大,更适宜于产业化生产。将溶胶-凝胶法与喷雾热解法等结合,可以相互补充,具有较大优越性,也不失为一种简便易行的制备方法,其难点也是设备庞大。综合方法对设备要求较高,难度较大,故在试验初期不宜采用此类方法。

　　化学方法中的共沉淀法虽然影响因素多,液相体系内反应复杂,但它简便易行,成本低廉,故本节的研究中首选了此种制备方法。

　　磁液的类型可按磁性粒子种类不同分类或按基载液不同分类。按超微磁粒类型主要可分为:

　　(1)铁酸盐系,如 $Fe_3O_4$、$\gamma$-$Fe_2O_3$、$MeFeO_4$(Me=Co、Ni)等。

　　(2)金属系,如 Ni、Co、Fe 等金属微粒及其合金(如 Fe-Co、Ni-Fe)。

　　(3)氮化铁系。

按基载液种类主要可分为：水，有机溶剂（庚烷、二甲苯、甲苯、丁酮），碳氢化合物（合成剂、石油），合成酯，聚二醇，聚苯醚，氟聚醚，硅碳氢化物，卤化烃，苯乙烯。

选择 $Fe_3O_4$ 磁性粒子是因为它应用普遍，成本低廉，在自然界中分布广泛，是最普通的磁性材料，且与生物磁学有很大的相容性（生物磁学纳入磁液研究中具有重大意义）。选择柴油为基载液进行研究，主要理由是前人未曾用过，在研究和应用过程中可能会有一些新的发现；再者，柴油标号较多，为它的广泛适应性和广泛应用奠定了基础。

制备方法中的具体工艺问题与纳米磁性粒子、种类和性能，纳米磁性粒子的制备方法，表面活性剂的种类及性能，基载液的种类及性能等有关，研究试验中给予了充分考虑和研究。例如，对水基磁液，可不必先制粉，而是直接原位合成磁液；对油基磁液，则可采取多种制备途径；对于洗涤前包覆的磁性粒子，应给予足够的搅拌时间；对于洗涤后包覆的磁性粒子，重点进行粒子分散；在水基磁液中应充分洗涤以除去不必要的甚至有害的电解质粒子；而在油基磁液中电解质离子的作用退居次要地位；对于离子强度特别敏感的 SD-03 表面活性剂[6]，洗涤一定要尽量完全（以 $AgNO_3$ 检测）；而对于离子强度不特别敏感的 MN 表面活性剂，则洗涤进行到一定程度即可，以增加产率（另外，有时尚需加酸调整溶液 pH，洗涤太完全也无必要）；各类表面活性剂都有各自最佳的 pH 作用范围等。

### 4.4.2 水基纳米 $Fe_3O_4$ 磁性液体的制备

#### 4.4.2.1 工艺流程

在相当长的一段时期内，人们一直认为 $Fe_3O_4$ 是 FeO 和 $Fe_2O_3$ 的机械混合物，但 $Fe_3O_4$ 与 FeO 和 $Fe_2O_3$ 有着截然不同的性质，后来人们根据 X 射线衍射等证明了 $Fe_3O_4$ 实际上是一种酸式铁酸亚铁盐，其分子结构为 $Fe^{II}(Fe^{III}O_2)_2$，在水溶液中微弱电离，反应方程式为

$$Fe^{II}(Fe^{III}O_2)_2 + 2H_2O \rightleftharpoons Fe^{II}(OH)_2 \downarrow + 2H^+ + 2(Fe^{III}O_2)^-$$

电离溶液呈微酸性,因此 $Fe_3O_4$ 在酸性环境下稳定。由于电离出部分 $Fe^{II}(OH)_2$ 沉淀,故 $Fe_3O_4$ 放置在空气中也易被氧化,但其氧化速度比 $Fe^{II}O$ 要小得多。$Fe_3O_4$ 内部结构的揭示可解释 $Fe_3O_4$ 呈现的一些宏观性质,也为 $Fe_3O_4$ 磁性粒子的研究和制备提供了重要基础。$Fe_3O_4$ 晶体呈面心立方结构。

张金升等[7]研究了用湿化学共沉淀法制备 $Fe_3O_4$ 纳米磁液的工艺过程,对所制得的系列磁液进行了检测和表征。通过详细的试验研究,总结分析了磁液制备过程中的诸多影响因素,探索了一条简便易行的磁液制备工艺路线,为磁液的产业化和进一步扩大应用奠定了基础。其基本化学反应方程式为

$$Fe^{2+} + 2Fe^{3+} + 8OH^- \longrightarrow Fe_3O_4 + 4H_2O$$

磁液制备工艺流程框图如图 4-14 所示。

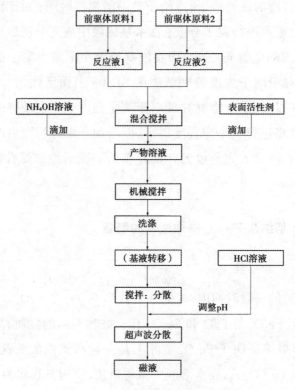

图 4-14　磁液制备工艺流程框图

试验步骤说明如下：精确称量一定量的 $FeCl_3 \cdot 6H_2O$ 和 $FeCl_2 \cdot 4H_2O$，分别配制成 0.4 mol/L 的溶液，将两种溶液按一定比例（$FeCl_2 \cdot 4H_2O$ 溶液稍过量）混合搅拌，在密闭条件下滴加质量分数为 25% 的 $NH_4OH$ 溶液，同时配合滴加表面活性剂，$NH_4OH$ 稍过量以保证反应完全。反应完毕后充分搅拌 0.5 h，然后清洗沉淀 3 ~ 5 次，洗去过多的 $Cl^-$。先用加热水浴法排除多余的 $NH_3$，再用稀盐酸调整 pH 为酸性，接着进行超声波分散 1 h，制得稳定悬浮的磁液。试验过程中随时对制得的样品进行磁性检测，逐步调整工艺和参数。

### 4.4.2.2 试验过程和方法

方法 1：表面活性剂在 $NH_4OH$ 溶液滴定后加入，分为两种情况进行探讨。

（1）油酸做表面活性剂的探讨。

①油酸最佳用量的探讨。

②浓度的影响及相应的油酸用量的探讨。

③离心分离对沉淀团聚影响的探讨。

（2）采用其他表面活性剂的探讨。

油酸包覆情况复杂，不易掌握，因此再分别用 MN 表面活性剂、SD-03 表面活性剂、油酸钠表面活性剂等进行重复实验，取得了较好的效果。

方法 2：表面活性剂与 $NH_4OH$ 同时加入。也分为两种情况进行探讨。

（1）采用油酸做表面活性剂的探讨。

（2）采用其他表面活性剂的探讨。

①表面活性剂最佳用量的探讨；②水浴温度对团聚影响的探讨；③ $NH_4OH$ 最佳用量的探讨；④溶液浓度对悬浮稳定性影响的探讨；⑤滴加 $NH_4OH$ 溶液的液滴大小及滴加均匀性对反应影响的探讨；⑥搅拌方式对反应过程影响的探讨；⑦氧化作用对反应影响的探讨。

### 4.4.2.3 试验结果

利用 MN 表面活性剂、SD-03 表面活性剂、油酸表面活性剂、油酸钠表面活性剂分别制得了水基磁液,对它们分别进行磁性能、稳定性、黏度、蒸气压和悬浮性检测,并对磁液结构进行 X-射线衍射、扫描电镜、透射电镜、高分辨电镜、微区电子衍射、红外光谱、拉曼光谱等表征。

水基磁液制备是化学共沉法制备各种类型磁液的基础,是异常复杂但非常重要的。我们探讨了水基磁液制备方法的各种可能性,对各类参数进行反复调整,详细研究了磁液制备过程中复杂多变的影响因素,确定了简便合理的磁液制备工艺,对所制得的水基磁液进行了性能检测和表征,效果良好。

### 4.4.3 柴油基纳米 $Fe_3O_4$ 磁性液体的制备

仍然以湿化学共沉法的基本原理为基础,通过基载液置换法制备柴油基纳米磁液。

方案 1:首先制备出被表面活性剂包覆良好的纳米磁性粒子,再将此种粒子均匀地分散在柴油中,制得稳定性良好的柴油基纳米磁液。

方案 2:首先制备初级纳米磁性粒子,将此粒子洗涤净化,然后再将其在溶有表面活性剂的柴油中进行分散和包覆,制得稳定性良好的柴油基纳米磁液。

方法 1:将 $FeCl_3$ 溶液( 0.4 mol/L 50 mL )和 $FeCl_2$ 溶液( 0.4 mol/L 30 mL )充分混合搅拌,与此同时,向搅拌均匀的混合液中滴加 $NH_4OH$ 溶液( $\omega=25\%$, 7.5 ~ 8 mL );注意观察溶液的颜色变化,当颜色变为棕色,溶液出现浑浊时,要开始滴加油酸表面活性剂( 0.2 ~ 0.5 mL ),油酸滴定时,一定要掌握速度,既不能太快,也不能太慢,最适宜的速度是油酸滴定完毕时,$NH_4OH$ 溶液滴至 6 ~ 6.5 mL 时。接着将剩下的 $NH_4OH$ 溶液继续滴加完毕,然后进行充分搅拌,30 min 后用超声波对混合液进行分散,这样可使固液混合得更加充分,时间 1 h,接着将其静置,由于溶液中滴加了过量的 $NH_4OH$ 溶液,所以会出现沉淀,将上清液倾出,将剩下的沉淀用去离子水洗涤 3~5 次,并加入柴油( 80 mL ),将湿沉淀与柴油的混合液充分搅拌,30 min 用超声波将两者进行分散,时间为 1 h。混合液体静置沉降,上层液体即为包覆有油酸表面活性剂的柴油基纳米磁液。

方法 2:按照方法 1 中的步骤至洗涤完毕,得到湿沉淀,然后将去离子水( 100 mL )注入其中,并进行充分搅拌,时间为 30 min,使其 pH 为酸性,接着用超声波对其进行分散,使其充分混合,时间 1 h,静置,上层液体即为包覆良好的水基纳米磁液。将得到的水基纳米磁液放入真空干燥器,进行加热干燥,将烘干后的颗粒进行研碎,然后加入柴油( 100 mL ),使固液混合并充分搅拌 30 min,为了使固液混合的更彻底,用超声波对其进行分散,时间为 1 h,静置,上层液体即为包覆有油酸表面活性剂的柴油基纳米磁液。

方法 3:将 $FeCl_3$ 溶液( 0.4 mol/L 50 mL )和 $FeCl_2$ 溶液( 0.4 mol/L 30 mL )充分混合搅拌,与此同时,向搅拌均匀的混合液中滴加 $NH_4OH$ 溶液( $\omega=25\%$,7.5 ~ 8 mL ),充分搅拌 30 min,静置,将上清液倾出,将剩下的沉淀用去离子水洗涤 3~5 次,并加入溶有 0.5 mL 油酸表面活性剂的柴油( 80 mL ),将湿沉淀与柴油的混合液充分搅拌,30 min 后用超声波将两者进行分散,时间为 1 h。混合液体静置沉降,上层液体即为包覆有油酸表面活性剂的柴油基纳米磁液。

方法 4:按方法 1 实验步骤进行操作,进行至洗涤时,洗涤液不用去离子水,而是改用乙醇,其他步骤同方法 1。

利用 MN 表面活性剂、SD-03 表面活性剂、油酸钠表面活性剂(主要用于磁性粒子干粉转移法)等分别进行试验,均取得了较好的效果。

# 参考文献

[1] 李学慧. 纳米磁性液体：制备、性能及其应用 [M]. 北京：科学出版社,2009.

[2]Li Xuehui, Zhang Ping.Research on the corresponding variation betweenthe apparent density of magnetie fluidand its applied magnetic field[J].Rare Metal Materials and Engineering,2005,34（5）：688-689.

[3] 丁忠. 纳米磁性液体的特性、制备及应用 [J]. 中国粉体技术,2004（10）：86-89.

[4]Umehara N, Kobayashi T, Kato K.Internal polishing of tube with magnetic fluid grinding-part 1, fundamental polishing properties with taper-type tools[J]J.Magn.Magr.Mater,1995,149,185-187.

[5] 吉云亮,刘红字. 纳米材料特性及纳米技术应用探讨 [J]. 中国西部科技(学术),2007（7）.

[6] 刘同冈,刘玉斌,杨志伊. 磁流体用于旋转轴液体密封的研究 [J]. 润滑与密封,2001（1）：29-31.

[7] 张金升. 纳米磁性液体的制备及其性能表征 [M]. 哈尔滨：哈尔滨工业大学出版社,2017.

# 第 5 章

## 纳米磁性金属 - 有机骨架复合材料制备及表征技术

磁性和其他功能材料的催化作用,甚至可以通过两种材料之间的协同作用产生新的功能,而这些功能是单一材料无法提供的。而由磁性纳米粒子(MNP)和 MOF 结合形成的磁性金属骨架复合材料(MMOF)可以通过外部磁场定位或收集,这引起了研究者的极大兴趣。

与 MOF 相比, MMOF 具有以下优点:(1)由于与 MNP 结合使用,复合材料具有更高的热稳定性;(2)通过施加磁场即可轻松进行分离过程,而无需进行额外的离心或过滤,从而大大节省了分析时间;(3) MMOF 可以在外部磁场的作用下在指定位置释放携带的物质,解决了药物释放的主要问题。(4)通过 MOF 和 MNP 的协同作用,可以改善 MMOF 的性能(例如催化)。下面我们主要介绍 MOF 的特点、应用、制备, MMOF 的性能、制备及应用。

## 5.1 金属 - 有机骨架材料概述

金属有机骨架材料一直在以极高的速度发展,过去几十年由于其所带来的表面积、孔隙度、高度可调结构属性具有潜在的应用领域。包括介孔、微孔金属有机骨架材料。

### 5.1.1 金属－有机骨架材料的特点

金属有机骨架材料是由有机组分与无机组分相结合所制备的,基于这种结构特点,金属有机骨架材料具有独特的优点。

(1)种类多。在理论上可以合成无限多种,目前已经合成了5000多种。

(2)功能性强。金属有机骨架材料由金属离子和配体组成,如果在合成的过程中改变配体或者金属离子,那么材料将会具有不同的功能。

(3)孔隙率和比表面积大,晶体密度小。比表面积是催化剂重要的物理性质之一。也是评价催化剂性能的重要指标,尤其是在多相催化反应中,比表面积是影响催化剂活性的重要因素。另外,对于催化剂载体,大的比表面积有利于活性组分在载体上分散。形成活性中心。MOFs材料是一种多孔材料,绝大多数MOFs都具有较高的比表面积。例如,MOF-177的BET比表面为4 500 $m^2/g$,孔隙率为47%,由更长的配体合成的MOF-200的BET比表面积高达6 260 $m^2/g$,孔隙率为90%,是MOF-177的两倍左右。

(4)孔尺寸可调控性强。通过调整无机部分和有机配体的种类,可以产生由超微孔到介孔各种孔尺寸的金属有机骨架化合物,可用于多种分离过程及选择性的催化反应,仿生催化性能。MILs系列材料中的MIL-53(Cr)的孔尺寸为8.5 ～ 13 Å,在MIL-53(Cr)的基础上。通过调控有机配体,制备出孔尺寸为25~29 Å的MIL-100(Cr)。有研究人员利用—Br、—$NH_2$、—$OC_3H_7$、—$OC_5H_{11}$和—$C_2H_4$等功能性基团对对苯二甲酸配体进行修饰,获得IRMOFs材料的孔尺寸范围为3.8 ～ 11.2 Å。

(5)生物相容性。通过采用生物分子作为有机配体和生物相容性的金属离子,可以制备出具有生物相容性的生物金属有机骨架材料,用作生物活性物质或药物的载体。

## 5.1.2 MOF 的应用

### 5.1.2.1 氢气存储

MOF 一直被认为是用于气体如氢气、二氧化碳、甲烷等存储的理想材料。为了进一步加强气体分子与材料间的物理吸附作用以提高其存储效率,无机纳米粒子逐渐被引入 MOF 体系中。一系列研究已证实,无机纳米粒子的引进可有效增强气体吸附效率。早期的基于无机纳米粒子 -MOF 复合材料用于氢气存储的一个例子是 Yang 报道的,他们发现将 MOF 和负载于活性炭上的 Pt(Pt/C)物理混合可以在室温下实现氢吸收容量的显著提高。值得注意的是,氢吸附量的增加源于“氢溢出”效应,即氢气分子在 Pt 金属簇上解离后会先移动到炭基底上随后再移到 MOF 的有机组分上,并不遵循 MOF 和 Pt/C 的加权平均值,且采用本方法得到的氢气的最大化溢出与在样品制备过程中涉及的一系列实验参数密切相关。

尽管通过物理混合 MOF 和 Pt/C 实现氢气溢出的机制存在疑问,研究者针对相关复合材料的研究重点还是主要集中在对其结构的精确调控上,取得了一系列有价值的研究成果。例如,分别负载 1%(质量分数)和 3%(质量分数)钯纳米粒子的 MOF-5 和 SNU-3 复合材料在低的压力和温度下呈现出比单一 MOF 材料更好的氢吸附特性。而且,相较 SNU-3 而言,Pd@SNU-3 在室温和高压下拥有更高的氢气吸附率、更低的等量吸附热。随后,为进一步确认 Pd 负载率对氢气吸附的影响,Latroche 等通过精确控制反应条件成功构建了 Pd 负载率达 10%(质量分数)的 MIL-100(Al)基复合材料,氮气吸附表征发现高负载引起了复合材料中表面积和孔体积的减少,进而导致 77 K 条件下 Pd@MIL-100(Al)复合材料的氢容量低于纯 MIL-100(Al)。然而,由于室温条件下 Pd 极易形成氢化物,故该 Pd@ MIL-100(Al)复合材料在室温下的氢容量可达纯 MIL-100(Al)的两倍。近期,为进一步提高 Pd@MOF 系列复合材料的氢气存储性能,Kitagawa 等通过精确调控复合材料结构发现，Pd 纳米晶体经 HKUST-1 包覆，其储氢容量相较纯四方体的 Pd 纳米粒子获得显著提高。值得注意的是，在这一体系中，HKUST-1 在高温下基本不呈现氢吸附特性。X 射线光电子能谱表征表明，该复合材料储氢容量的增加源于 Pd 纳米晶体向 HKUST-1 层的电子传输。一系列尝试发现，该包覆的方法具有普适性，可广泛用于其他金属纳米粒子 -MOF 复合体系的构建，是增加纳米粒子反应活性可采取的一种非常行之有效的方式。

众所周知，铂纳米粒子亦是一种与氢有极强相互作用的材料，吸附在铂黑上的氢气在室温及疏散条件下并不能像吸附在钯黑上一样解吸下来。受此性能激发，Senker 等[1] 成功实现了 43%（质量分数）铂纳米粒子在具有超高比表面积 MOF-177 上的负载。欣喜的是，该复合材料在室温、14.4 MPa 条件下可吸附 2.5%（质量分数）的氢气，即其氢气的存储量可达 62.5 g/L，接近液态氢 70 g/L 的存储容量。美中不足的是，Pt 表面会随着氢气存储循环的不断进行而被氢化继而导致钝化，从而使该复合材料的储氢容量不断减小。

总体而言，金属纳米粒子 -MOF 复合材料因金属纳米粒子强的吸附特性及 MOF 高的比表面积而在氢气存储领域呈现非常好的应用前景。然而，在氢吸附过程中该类复合材料呈现出的"氢气溢出"效应及其对氢气的吸附机制的影响还不明确，有待进一步探索，并为新型氢气存储用复合材料的构建提供参考。

### 5.1.2.2 催化

关于无机纳米粒子 -MOF 复合材料催化性能的研究也已有大量报道，且根据不同的催化反应类型，可以设计和构筑不同复合结构的材料，从而实现定向催化，如选择性氧化、选择性加氢、偶联反应、缩合反应等。总体上来讲，该类复合材料催化性能的研究可归结为以下几种情况：① MOF 仅作为催化载体材料，即用 MOF 分散和固载具有催化活性的纳米粒子；②择形催化，即利用 MOF 的分子筛孔道，实现具有特定大小和结构的分子在 MOF 孔道中的选择性通过，实现定向催化；③多功能催化,即通过合理设计纳米粒子与 MOF 的复合结构,同时或者依次实现多种催化反应过程,构建可以集成多种不同功能于一体的催化剂。下面将结合具体的研究实例来探讨无机纳米粒子-MOF 复合材料的结构与其性能的内在构效关系,研究纳米粒子的大小、形貌以及 MOF 的孔道结构、组成和厚度等因素对催化反应的影响规律,揭示催化反应过程中底物分子在纳米结构复合材料中的物质输运和能量传递规律。

（1）MOF 仅作为催化载体材料。

MOF 极大的比表面积、高度有序的孔结构有助于纳米粒子在 MOF 材料中的有效分散以及催化底物和产物的扩散和传输。近年来,以 MOF 作为载体材料在催化方面的研究已有大量的报道,并取得了一些初步的研究成果。Xu 等[2]采用研磨和氢气还原吸附在 ZIF-8 孔道中的二甲基(乙酰丙酮)金,制备了 Au@ZIF-8 催化剂,其中负载的 Au 纳米粒子尺寸较小,为 3 nm 左右。催化 CO 氧化性能表明,随着 Au 负载量的增大,其催化 CO 氧化的性能逐渐提高。当 CO 的转化率为 50%,Au 负载量为 0.5%、1.0%、2.0% 和 5.0% 时,对应的反应温度分别为 225 ℃、200 ℃、185 ℃和 170 ℃。重要的是,不同的催化剂经过几次催化反应后仍可保持较好的催化性能。Xu 等[3]还采用等体积浸渍法将 M（acac）$_2$（M=Pt、Pd 或 Pt/Pd）浸渍到 MIL-101 中,干燥后采用 CO-H$_2$-He 混合气将金属还原,首次合成了 MIL-101 负载的金属多面体。MIL-101 负载的铂六面体、钯四面体、钯铂八面体的尺寸分别为 8.0 nm、8.5 nm、10.5 nm。由于 CO 在铂表面的吸附能大于在钯表面的吸附能,因此同时加入铂钯金属前驱物时,钯比铂先还原,最终得到 Pd@Pt 核壳结构。进一步在 CO：O$_2$：He 的体积比为 1：20：79 和空速为 20 000 mL/（h·g）的条件下考察了其催化 CO 氧化的性能,发现该类催化剂在 CO 氧化反应中有较好的催化活性。当单一的 MIL-101 用作催化剂时,在 200 ℃以下不呈现催化活性;而负载型催化剂都展现了较好的催化活性,如 Pt/MIL-101、Pt-Pd/MIL-101 和 Pt@Pd/MIL-101 催化 CO 氧化的起始温度均为 100 ℃,且在 150 ℃左右其催化性能显著提高,它们完全催化 CO 氧化的温度分别为 175 ℃、175 ℃和 200 ℃。对应于 Pd/

MIL-101,其催化 CO 氧化的起始温度为 125 ℃,完全催化 CO 氧化的温度为 200 ℃。动力学行为研究表明,Pt/MIL-101、Pd/MIL-101、PtPd/MIL-101 和 Pt@Pd/MIL-101 这四种催化剂催化 CO 氧化反应对应的反应活化能分别为 69.0 kJ/mol、77.8 kJ/mol、72.7 kJ/mol 和 62.6 kJ/mol。可以看出,Pt@Pd 结构作为活性组分展现出了极好的催化协同性能,且反应前后催化剂的结构未发生任何变化,展现出很好的催化稳定性。

Xu 等 [4] 通过将 MOF 材料先后浸渍于不同的金属前驱物溶液中,制备了"蜂窝状"结构的金属纳米粒子 -MOF 复合材料。当将 ZIF-8 先后依次浸渍于氯金酸、硝酸银溶液中时,还原后可制得 ZIF-8 负载的 Au@Ag 核壳结构;当将浸渍顺序反转,即先浸渍到硝酸银溶液中再浸渍到氯金酸溶液中时,可制得 ZIF-8 负载的 Au@AuAg 核壳结构。性能研究发现,ZIF-8 负载的 Au@Ag 复合材料可显著提高硝基苯酚加氢反应的速率(单独采用 Au 作催化剂时不会发生加氢反应,单独采用 Ag 作催化剂时可以发生催化加氢反应,但起始阶段发生反应的速率比较慢),当 Au 和 Ag 的质量分数相同时,其对应的反应速率常数为 0.004 97 $s^{-1}$。Kempe 等 [5] 使用气相沉积法制备的 $Pd_3Ni_2$@MIL-101 双金属负载催化剂的催化性能远高于 Pd/C 与 Ni 粉混合物、Pd@MIL-101 和 Ni@MIL-101 混合物(3∶2)的催化性能,说明其催化的高活性源于 $Pd_3Ni$,合金中两者间的协同效应,且该催化剂具有非常好的催化稳定性,在 60 ℃ 和 35 ℃下,分别经过 7 次和 10 次循环催化实验后,其催化活性可保持不变。Xu 等 [6] 采用两种不同的方法(化学气相沉积法和液相沉积法)制备的 Ni@ZIF-8 催化剂对硼胺分解反应展现出非常好的催化活性及催化稳定性。Cao 等采用传统浸渍法制备的 Pd(2.6 nm)@MIL-101(Cr)复合材料,在添加 $Cs_2CO_3$ 条件下,其用于催化吲哚及其衍生物 C—H 制备 $C_2$ 芳香化反应所得对应目标产物的收率可达 85%,且复合材料中 Pd 含量的多少亦对目标产物收率有重要的影响 [Pd 含量为 0.05%(摩尔分数)时,产物的收率仅为 31%;当其含量为 0.1%(摩尔分数)时,产物的收率达到 86%;进一步增加其含量至 1%(摩尔分数)和 5%(摩尔分数),对应的目标产物的收率会降低,分别为 64% 和 45% ]。以

MOF 作为催化载体材料,不仅可以利用其极大比表面积和丰富孔道结构来提高纳米粒子的分散性,而且也有助于底物分子在 MOF 中的扩散和传输,从而利于提高催化反应的效率。

(2)择形催化。

择形催化是指只有当底物分子的大小和形状与 MOF 的孔道结构相匹配时,能够扩散进出孔道的分子才能成为反应物和产物。该方法不仅可以提高目标产物的产量,而且可以抑制副反应的进行。Huo 等[7]成功采用直接包覆的方法构建了多类纳米粒子-ZIF-8 复合材料,其中制备的 Pt/ZIF-8 杂化结构可用于液相择形加氢反应。当顺环辛烯用作底物分要是由于 ZIF-8 的孔隙口径较小,底物分子的尺寸较大,很难扩散进入其孔道与 Pt 接触发生加氢反应。当正己烯用作反应底物时,可以发生加氢反应,对应的正己烯的转化率为 7.3%,这可能是因为底物分子与 ZIF-8 的孔隙口径接近,可以扩散进入 MOF 孔道,但孔道对底物的传输有阻碍作用。进一步循环使用发现,三次连续催化反应中底物的转化率分别为 7.3%、9.6% 和 7.1%,且反应后催化剂的结构可以很好保持。对比实验表明,单一的 ZIF-8 晶体没有催化性能;纯 Pt 纳米粒子负载在碳纳米管上( Pt/CNT )可以同时实现两种烯烃的加氢反应,对应的正己烯的转化率为 16.6%,顺环辛烯的转化率为 7.6%;采用模板法制备的 T-Pt@ZIF-8 复合材料对正己烯和顺环辛烯的转化率分别为 13.3% 和 1.7%。综上分析可以看出,相对于采用其他方法制备的复合材料,采用该工作中的策略制备的 ZIF-8 包覆 Pt 纳米粒子复合结构可以有效地对顺环辛烯和正己烯实现择形催化。

Huo 等还合成了 UIO-66 包覆 Pt 纳米粒子复合材料用于催化烯烃加氢、4- 硝基苯还原和 CO 氧化反应,其中 1- 己烯、环辛烯、反式 -2- 苯乙烯、顺式 -2- 苯乙烯、三苯基乙烯和四苯乙烯用作底物分子,并同时也对比了纯 UIO-66 和 Pt/CNTs 的催化性能。性能测试表明,当 UIO-66 作为催化剂用于烯烃加氢反应时,没有催化效果;当 Pt/CNT 作为催化剂时,对应的 1- 己烯、环辛烯、反式 -2- 苯乙烯、顺式 -2- 苯乙烯、三苯基乙烯和四苯乙烯的转化率分别为 100%、100%、100%、100%、89% 和

18%，其中三苯基乙烯和四苯乙烯展现出了较低的转化率，可能是由于其分子尺寸较大，同时伴随着较大的空间位阻，不利于 C=C 键与 Pt 表面接触反应；采用 Pt/UiO-66 作为催化剂，随着底物分子增大，催化活性逐渐降低。对于 1- 己烯而言，催化反应 24 h 后，可以实现完全转化，这主要由于 1- 己烯的径向尺寸为 0.25 nm，显著小于 UiO-66 的空腔的窗口直径（0.6 nm），有利于底物分子的扩散和传输。相同条件下，较大尺寸的环辛烯（0.55 nm）、反式 -2- 苯乙烯（0.56 nm）和顺式 -2- 苯乙烯（0.58 nm）的转化率分别为 65.99%、35% 和 8%。当更大尺寸的四苯乙烯作为底物时，其加氢转化率为零，这主要由于四苯乙烯的尺寸大于 UiO-66 的空腔的窗口直径，不能扩散进入 UiO-66 孔道中与 Pt 纳米粒子接触发生加氢反应。这些研究结果表明，Pt/UiO-66 可在不同烯烃加氢反应中展现出很好的择形催化效果，这主要是由于 UiO-66 中窗口尺寸（0.6 nm）大，有利于传质和扩散过程的进行，有利于提高反应速率。

在上述研究工作的基础上，Huo 等 [8] 通过进一步刻蚀，实现了具有明确晶体结构且孔尺寸、形状及空间分布可调的介孔 MOF 及纳米粒子 – 介孔 MOF 复合材料的可控制备。研究发现，该介孔结构复合材料呈现出的催化加氢特性显著高于采用包覆法直接制备的 Pt/ZIF-8。具体为，当采用正戊烯、正己烯、正庚烯和顺 – 环辛烯作为底物分子时，加氢反应中正戊烯、正己烯、正庚烯和顺 – 环辛烯的转化率分别为 44%、16%、11% 和 0；采用包覆法制备的 Pt/ZIF-8 复合材料作为催化剂其对应的转化率依次为 30%、9% 和 7% 和 0。由此可见，介孔结构有助于反应底物分子和产物的扩散和传输，有助于提高催化反应的效率。与此同时，研究者还尝试合成蛋黄 – 蛋壳结构的复合材料用于择形催化反应，如合成的 Pd@ZIF-8 复合材料、Au@HKUST-1 复合材料等均呈现出非常好的催化反应活性及稳定性。

（3）多功能催化。

以多功能催化剂加速某些化学反应的作用称为多功能催化作用。在此催化反应中，一种催化剂可同时加速几个不同的化学反应。目前，有关无机纳米粒子 –MOF 复合材料可用于多功能催化研究的报道还很少。2014 年，Tang 等 [9] 采用溶剂热法成功构筑了尺寸均一、形貌可控的以 Pd 纳米粒子为内核和以碱性 IRMOF-3 为壳层的复合材料，其可以作为多功能催化剂用于催化串联反应。这是因为，在这一复合结构中，碱性 IRMOF-3 壳层可用于催化 4- 硝基苯甲醛和丙二腈的缩合反应，内核 Pd 纳米粒子可用于催化 2-（4- 硝基亚苄基）丙二腈的选择性加氢反应。性能研究表明，相对于负载型 Pd/IRMOF-3 而言，核壳结构 Pd@IRMOF-3 可以使目标产物的选择性由 71% 显著提高至 86%，进一步调控反应底物的尺寸，发现当底物分子可以较好地限域在孔道中时其对目标产物如 4- 硝基肉桂醛的选择性可达 96%，且该核壳结构 Pd@IRMOF-3 在循环催化反应中显示出极好的催化性能稳定性，这主要源于壳层孔道对底物分子的限域效应，其可促使反应底物分子沿特定的反应与 Pd 接触反应。这一工作的成功开展为将来新颖多功能纳米结构贵金属和 MOF 复合材料的设计和构筑奠定了良好的基础。

## 5.2　金属 - 有机骨架材料的制备与表征

金属有机骨架材料的合成方法也取得了快速进展，其合成方法也越来越简单、越来越高效。一般在室温到 250℃ 的温度下的溶剂中进行，主要有水热法、微波辅助法、电化学法、机械化学法、超声波法、常压回流法等。

### 5.2.1 水热法

水热法制备金属有机骨架材料是较为传统和经典的方法，主要是在相应的溶剂里将金属离子和所用的有机配体常温下磁力搅拌后溶解完全，再转移至相应容积大小的聚四氟乙烯反应釜中，在 50~250 ℃ 温度下，反应一段时间后自然冷却到室温，离心分离，然后进行样品的后续处理,比如离心、抽提、洗涤等纯化即可。水热法不但解决了反应产物难溶解于溶剂中的问题,而且具有设备简单、晶体结晶性能好、性质稳定等优点,但在反应过程中难以实时了解反应的历程。几乎所有的 MOFs 种类金属有机骨架材料都可以采用水热法制备。

在化学合成中,一锅法合成主要是指在一个反应容器中完成化学合成,这种方法常常提高了反应效率,避免了多步反应。一锅微波法合成金属有机骨架材料主要包括 MOFs-silica 和 MOFs-Al 复合材料,MIL-101(Cr)上负载磷钨酸,微波加热制备 IRMOFs-3 偶联有机多相催化剂掺杂银纳米颗粒等。利用钒、铬两种金属,对苯二甲酸为配体,制备混合金属离子的 MIL-53,研究发现,传统加热方法制备了均相结构的 MIL-53,而采用微波加热则制备出了具有"蛋黄"结构的 MIL-53[14]。

### 5.2.2 扩散法

扩散法制备金属有机骨架材料主要分为气相扩散法、液层扩散法、凝胶扩散法等类型。气相扩散是利用有机胺等挥发性碱慢慢扩散到溶液中,实现有机配体脱质子化进而与金属盐反应;将金属盐溶液放置在有机配体溶液上,通过两种溶液扩散反应称为液层扩散法;凝胶扩散法是将金属离子或者有机配体制在凝胶里面,有机配体或金属离子溶液放在凝胶上,通过在凝胶交界面上扩散反应,这种方法反应条件温和,晶体长的质量高,但反应所需时间非常长。

### 5.2.3 微波法

微波加热技术是通过被加热体内部偶极分子高频往复运动,产生"内摩擦热"而使被加热物料温度升高,不需任何热传导过程,就能使物料内外部同时加热、同时升温,加热速度快且均匀,仅需传统加热方式的能耗的几分之一或几十分之一就可达到加热目的。

自 2005 年以来,微波技术在金属有机骨架材料的合成中主要集中于缩短反应时间。Jhung 等 [15] 采用了铬金属盐、均苯三甲酸、氢氟酸的摩尔配比为 1.0∶0.67∶2.0,加热到 220 ℃制备了 MIL-100。微波加热的方式展现了能够大大缩短反应时间而没有降低反应产率的优势:微波反应只需要 4 h,反应产率可达到 44%,而传统的电加热反应时间则为 4 天,反应产率为 45%,采用热失重和 XRD 对两种结果进行表征,结果显示两种合成方法制备的 MIL-100 结果一致,而孔径从由传统电加热合成方式的 1.16 $cm^3 \cdot g^{-1}$ 降低到微波加热的 0.97 $cm^3 \cdot g^{-1}$。大多数的研究都表明微波加热制备金属有机骨架的时间可以缩短至几分钟以内,最短的甚至达到 4.3 s。

微波加热的方式也影响了金属有机骨架材料的形貌尺寸。研究发现,可以降低形貌尺寸在 50% 以下,而尺寸的降低可以显著增强金属有机骨架材料在气体分离、吸附、催化剂等各个领域的应用效果。

微波加热对比表面积具有较大的影响。市售的 MIL-53(Al)比表面积在 1100~1 500 $m^2 \cdot g^{-1}$,溶剂的种类、溶剂的量、金属离子与配体之间的配比、金属盐的种类、反应温度等因素都会对比表面积产生影响,在其他化学条件相同的情况下,只研究微波加热和电加热对比表面积的影响发现,微波加热能够获得较大的比表面积。

微波加热影响相结构。MOFs 具有多相结构,金属离子和配体之间不同的连接方式形成截然不同的晶体结构,一些研究发现,同样的反应竟可以生成 5 种不同的相结构。不同的相结构具有不同的性能,尤其是比表面积,调控不同的 pH、温度、微波加热等方式可以制备不同的相结构的金属有机骨架材料。

微波反应最重要的反应参数是反应功率,全程控制反应进度。Choi 等 [16] 研究了微波功率、微波时间、反应温度、溶剂浓度、基质组成等影响因素对 MOFs-5 晶相和形貌的影响。微波加热温度在 95~135 ℃,反应时间在 10~60 min,反应功率分别为 600 W、800 W、1 000 W。研究发现 15 min 就可以得到晶体,而传统加热则需要反应 24 h,当微波反应时间延长到 30 min 时晶体结晶度最好,但微波时间继续延长,晶体结晶度反而变差,表面缺陷也增加。微波制备 MOFs-5 的晶体尺寸在

20~25 μm,小于传统加热方法的 500 μm,而比表面积及对 $CO_2$ 的吸附性能并不受影响,改变 $Zn^{2+}$ 的浓度可以调节晶粒尺寸。

微波合成法的优势不仅体现在缩短反应时间、提高反应效率方面,与传统的合成相比,微波法合成的材料更易形成纳米结构,使其在催化、传感、吸附等方面的应用更具竞争力,微波法合成 MIL-101 纳米晶,具有均一的形貌和尺寸,显示出对有机小分子苯更高、更快的吸附能力;用微波离子热法合成了以三聚氰胺为基的 COF 材料,发现其对硝基爆炸物具有更强的荧光敏感性。

### 5.2.4 超声微波法

葛金龙等[17]采用超声微波的方法制备 $NH_2$-MIL-53(Al),在 10 min 内就可以获得样品,而采用传统水热法需要 72 h,大大节省了制备的时间。超声微波的时间为 10 min 时产品的结晶程度较差,可能包含一定的未反应的杂质,但随着超声时间的延长结晶性能提高,在 25 min 时样品结晶性能较好。$NH_2$-MIL-53(Al)材料的热稳定性较好,可以达到 500 ℃左右,较好的热稳定性使得该材料具有更为广泛应用领域。在反应 20 min 时,样品的微观形貌更加清晰,颗粒的尺寸有所减小,说明超声微波控制了样品尺寸的生长,在 25 min 时,颗粒较为规整,形貌均一,说明在反应条件中,超声除了给予反应物质提供能量以外,还控制了产物的外观形貌。随着超声微波时间的延长,所制备样品对 $CO_2$ 的吸附能力逐步提高,从超声微波时间为 10 min 样品的 17 $cm^3 \cdot g^{-1}$ 提高到超声微波时间为 25 min 时的 $CO_2$ 的吸附容量为 35 $cm^3 \cdot g^{-1}$,吸附量提高了近 2 倍,说明 $NH_2$-MIL-53(Al)孔径随着超声微波的时间受到一定的调控作用,比表面积和孔径均有变化,提高了 $CO_2$ 的吸附能力。$NH_2$-MIL-53(Al)中 -NH,基团的存在加速了与 $CO_2$ 的吸附反应,吸附以后,NH-MIL-53(Al)与氨基基团在孔道内的活性位点发生了键合作用,形成了氨基甲酸盐,加速对 $CO_2$ 的吸附能力。同时考察了温度对于 $CO_2$ 的吸附的影响,298 K 下 $CO_2$ 的吸附能力为 54 $cm^3 \cdot g^{-1}$。

NH$_2$-MIL-53（Al）的循环使用性能较好，经过 5 次循环实验以后吸附容量降低为原来的 88% 左右，主要是 NH$_2$-MIL-53（Al）中的氨基基团调控了金属有机骨架材料的孔道分布，同时部分氨基节点并没有被活化，导致吸附能力下降。

### 5.2.5 后合成法

MOFs 的后合成修饰为引入新官能团提供了有利条件，同时也解决了部分 MOFs 按常规方法无法建构的难题。而在原有 MOFs 框架基础上引入第二种配体的修饰方法目前仍然少见。顾金楼研究组以两性表面活性剂为模板，在水相中成功合成了有序介孔结构的 Zr 基 MOFs，以简单的水相模板法制备了微 / 介孔 Zr 基 MOFs 材料。表面活性剂不仅起到了模板作用，还为金属前驱体提供了锚定位点并引导金属有机框架定向组装。介孔 UiO-66-NH，展现出介孔的可调节性及有机框架的稳定性。介孔壁由规则的微孔结晶 MOFs 构成。这一制备方法为制备新型介孔 MOFs 材料提供了新的思路。

随着更多对于连接桥和节点设计的关注，直接合成的方法对于调整内表面的范围和孔隙的尺寸以及对于合成所需的化学功能都具有很高的效率，后合成（PSE）和缺陷工程已经成为一种功能强大的技术，为 MOFs 引入新的功能。越来越多的证据表明，有机配体协调化学对缺陷框架至关重要，而缺陷位点可以帮助启动后合成。后合成主要有三种策略：溶剂辅助配体合成，包括把不稳定的、非结构的无机配体更换成具有一定功能的有机配体；MOFs 的原子分层堆积，这对于附着单一的金属原子或者含有金属的团簇很有效率；溶剂辅助更换有机配体，包括将有结构的配体（连接桥）更换成可改变的连接桥。

电子结构的定向改性是优化光伏、传感和光催化应用金属有机框架（MOFs）的一个重要步骤。需要控制的关键参数包括带隙、带边缘的绝对能量位置、激发态电荷分离以及金属与配体位点的杂化程度。二级建筑单元内的部分金属置换或金属掺杂是一种很有前途的方法，但在

MOFs 中调节这些性能的方法还相对未被探索。从理论上提出了一种后合成法选择金属掺杂剂的通用方法,并以 MIL-125 和 UiO-66 为模型系统进行了实验验证。金属离子的相互交换能够有针对性地优化关键的电子结构参数,该方法适用于任何 MOFs 体系结构。

灵活的 MOFs 由于其近乎无限的结构/功能的多样性和可控的空隙结构,成为主客体化学的研究热点。周宏才[18] 研究组运用多官能团配体调整框架结构的灵活性且采取配体后组装策略扩大材料的"呼吸"幅度,设计合成了一系列 PCN-700,并实现了在 $CO_2$ 环氧化反应中催化开关的可切换性,同时运用单晶衍射仪探讨了这种灵活性 MOFs 的可控性催化开关结构性"呼吸"转化机理。这种可控性催化开关的概念不仅会引领新一代催化剂研究,也会拓宽 MOFs 材料的研究范围。

为了获取类似于生物材料的功能性,研究人员试图提升 MOFs 的结构基元数目。随着基元数目的增加,得到含多组分的单晶材料的难度呈指数级增长,这需要通过多种配位作用的协同,精准设计多种结构基元等得到多组分网络结构,这显然具有挑战性。提出节点解构策略,利用不同金属对不同配位官能团的配位选择性,将三角形的节点进一步解构为一个三角形的含金属基元和三条有机配体边臂。三种策略并用是合成该结构的关键,也是多基元 MOFs 结构复杂度进化路线中的重要一步。在五种基元的协同作用下,该材料形成了一种介孔和两种微孔。基于其多级孔性质,材料呈现出了优异的甲烷存储性能,在 298 K、80 bar 的条件下,体积存储量高达 215 $cm^3/cm^3$,在 5~80 bar 范围内的工作容量高达 193 $cm^3/cm^3$。

## 5.2.6 液相外延法

液相外延(liquid phase epitaxy)生长法是合成金属有机骨架材料最常见的方法之一。然而,由于 MOFs 具有各向异性生长性质,目前只有有限的几种 MOFs 能在晶格匹配的特定基质上进行直接外延生长。此外,作为制备基质支撑型 MOFs 或者核壳结构 MOFs 的关键因素,金属节点的选择大多数情况下也仅限于风扇轮（paddle-wheel）结构金属链接。因此，发展液相外延方法并扩大其适用 MOFs 类型依然是 MOFs 材料发展的关键的需求。以 CD-MOFs 为例，这是一类由碱金属盐和环糊精构成的多样性网状材料，其在分子识别、选择性吸附分离等领域有着潜在的应用价值。目前，CD-MOFs 扩展结构制备过程中金属节点的使用已经打破风扇轮结构的局限，但是如何在给定的基质上外延生长这类 MOFs 依然是一项挑战。

将纳米尺度的金属-有机团簇（MOCs）嵌入到金属有机骨架（MOFs）中，制备出具有全三维周期性的混合有序多孔纳米颗粒阵列（NPs），虽然传统的 NP@MOFs 封装方法无法成功地实现这些相当大（1.66 nm）的 NPs，但通过使用改进的液相外延（LPE）逐层生长和加载 MOFs 的方法实现了最大的加载效率（每个孔一个 NP），预形成的 NPs 在 MOFs 薄膜的孔隙内形成规则的晶格。

金属有机骨架薄膜具有较高的结晶度、良好的取向、均匀的结构和增强的多孔性，可以满足许多实际应用的需要。采用逐步液相外延技术制备的表面组装 MOFs 微晶薄膜（SURMOFs）引起了人们的极大兴趣。尽管在这一领域已经作出了许多努力，但以有效的方式制备高质量、可重复的 SURMOFs 仍然是一项重大挑战。在 MOFs 体材料的合成中，酸或碱等配位调节已被成功地用于改善所得到材料的性能。在生长过程中引入水作为一种温和的添加剂，为 SURMOFs 的生长提供了一种有效的策略。

金属有机骨架具有令人兴奋的性能，可以通过合理的材料设计方法进行定制。在功能纳米和中尺度系统中封装 MOFs 需要选择晶体定位和薄膜生长技术。逐步逐层液相外延（LPE）是制备 MOFs@substrate 系统的一种方法。LPE 的逐层沉积方法可以对薄膜厚度和晶体方向进行精确控制。具有由 8 ~ 12 个结合位点的节点较高连接的 MOFs，例如基于 Zroxo 簇，很难通过逐步液相过程精确地控制沉积质量。

### 5.2.7 纳米金属粒子/MOFs 的制备方法

热分解法是合成 MNP@MOFs 材料的相对较新的方法。因为它不引入另外的金属前驱体。在 MOFs 的部分热分解过程中产生 MNP，合适的温度对反应的成功至关重要。温度过高，则 MOFs 结构完全崩溃，而温度过低不能产生 MNP。金属纳米粒子复合金属有机骨架材料有广泛的应用，它主要优势在于金属纳米粒子独有的物理化学性质，以及广泛的潜在的应用价值。无机纳米金属粒子与金属有机骨架材料的复合方式有多种，最为广泛的应用方法称为"瓶中造船"（ship in bottle），制备好的金属有机骨架材料作为母体材料，将金属纳米粒子采用不同的方法在金属有机骨架材料中实现可控制备，常用的有气相沉积、浸渍、氧化还原等方式。利用金属有机骨架材料提供模板和特定空间位阻来控制纳米离子的生长与团聚，金属粒子的大小、形状同金属有机骨架材料的母体的形状息息相关。

把客体材料装到直径为 1 nm 的孔内，是一件很具挑战有时甚至是不可能的事情，更不要说如何精确地控制客体只装在孔内而不会在孔外。犹如瓶颈一般，纳米孔的开口通常要比孔腔的直径要小，所以大于孔开口的物质很难进入孔内。因此，客体大多需要使用尺寸较小的反应物（例如前驱体）通过化学反应被合成在孔中，即"瓶中造船"，由于人们对如何选择合适的反应物和反应条件的认识比较有限，以纳米孔材料为主体的主-客体系的制备往往基于经验和实验上的反复尝试。此外，一些过分剧烈的化学反应还会破坏主体的孔结构。

王铁胜等[19]依据普尔贝图调节电位和酸碱度（pH）获取形成客体的边界条件，再结合主体孔的尺寸、主体的化学稳定性和反应物所需的功能性等因素来筛选在孔内合成客体的反应物和反应条件，即为普氏客体合成法（PEGS），通过在 MOFs 和分子筛等主体中形成金属或氧化物客体（二氧化钌（$RuO_2$）、多氧化锰（$MnO_x$）或钯（Pd））实验上验证了普氏客体合成法对相关主-客体系制备的指导作用。

在 $RuO_2$ 为客体、MOFs-808-P 为主体的体系中,利用反应物的亲疏水关系和反应物与 MOFs-808-P 在不同温度下的相互作用实现了让绝大多数 $RuO_2$ 客体形成在纳米孔内。研究结果表明,有效控制 $RuO_2$ 在 MOFs 孔内、外的装载位置可以降低 CO 对 MOFs 限域下的 $RuO_2$ 的吸附,这比该分子对担载在 $SiO_2$ 的 $RuO_2$ 要弱很多。由于弱吸附可以很好地避免由于吸附过强所带来的毒化问题(尤其是在低温情况下),进一步发现这种 MOFs 限域下的 $RuO_2$ 是一种可以在低温甚至是接近室温的条件下保持高活性的 CO 氧化催化剂。除了可以基于 PEGS 设计和制备新型功能复合材料外,PEGS 还有可能有助于对纳米和原子尺度上基础科学的探索。量子理论描述了物质在原子尺度(亚纳米级)甚至是亚原子尺度上的现象,而 1~2 nm 的空间仅比亚纳米的原子稍大了一些。在化学组分、微观结构等方面极具多样性,这使得在一些潜在的研究方向上充满了不确定性和机遇纳米粒子负载功能化的金属有机骨架材料在多个领域得以应用,尤其在存储与分离、传感、药物载体、吸附、光催化、储能等方面。目前,金属有机骨架材料的复合包括量子点、纳米颗粒、纳米线、聚合物、碳纳米管、生物分子等,同时提供了较为灵活的设计方式。将预先形成的 MNP 作为种子或成核中心引入到 MOFs 起始材料中,诱导 MNP 周围的 MOFs 生长 / 组装是一种制备 MNP@MOFs 复合材料较为合理的策略。其先决条件是 MNP 表面上的"黏合剂",以锚定 MOFs 的异质生长并避免均匀的 MOFs 成核。该策略具有复合材料中 MNP 的尺寸、形状和组成可以预先控制并可形成核壳结构的 MNP@MOFs 的优点。

MNP@MOFs 复合材料的性能受到封装 MNP 的空间分布和纳米结构以及客体 – 主体相互作用的强烈影响,可以用于同时控制这些参数的简便方法来设计高活性和稳定的 NE@MOFs 功能材料,目前已经开发了四个完善的策略用于封装 MOFs 内的 MNP。

另一种方法称为"船外造瓶"( bottle around ship )或者称为模板法,即预先制备好纳米粒子,表面包覆有机小分子、表面活性剂、聚合物等保护剂,将包覆好的纳米粒子加入金属有机骨架材料的制备体系中,制备复合材料。封端剂或表面活性剂对于稳定纳米金属粒子和促进纳米金属粒子的MOFs过度增长是必不可少的。这种方法有效地利用表面活性剂、保护剂等保护纳米粒子的活性,预防纳米粒子的团聚,也有效保护了纳米粒子的尺寸、形貌、组成等在反应过程中不会受到破坏,达到预期设计的性能。

在MOFs层之间嵌入金属纳米粒子,层间组装策略涉及MOFs核的制备,在MOFs层间沉积纳米粒子和随后具有可调厚度MOFs壳的过度生长。此外,通过重复纳米金属粒子沉积和MOFs过度生长的步骤可以获得具有可控结构的多层材料。这种策略能够很好地控制封装的纳米金属粒子的位置、组成和形状。

原位合成是一种省时省力、操作简单的MNP@MOFs复合材料的制备策略。该方法将所有必需成分(纳米金属粒子和MOFs的前驱体)混合在溶液中,由此同时制备纳米金属粒子和MOFs,MOFs壳仅在纳米金属粒子的表面上生长而不自生核。前驱体、溶剂、表面活性剂、反应温度和调节剂等实验参数的控制,对于平衡纳米金属粒子和MOFs的自成核和生长速率以及将它们组装成单个纳米结构非常重要。有机配体或溶剂中官能团的选择对于原位合成形成稳定的纳米金属粒子并促进纳米金属粒子在MOFs表面上的异核化非常重要。

最近开发的逐步组装策略,提供了稳定的MOFs/MNP/MOFs复合材料,但合成操作复杂。这种方法具有特殊的优点:MOFs核不仅获得位于中层MNP的支持,而且还可以满足MOFs外壳的后续生长;MOFs壳覆盖中间层MNP,以提高复合材料的稳定性,并确定催化剂的尺寸选择性。对于核-壳结构的MNP/MOFs催化剂,当MOFs壳的厚度控制构成重大挑战时,对于反应效率至关重要,因为厚的MOFs壳显著减缓了产物的传输速度。目前的设计使得所得到的核-壳结构的MOFs/MNP/MOFs催化剂具有特别高的选择性和高反应效率。

核-壳结构的MOFs还可应用于药物负载上,Gassensmith以蛋白质模板,烟草花叶病毒(TMV)用于调控MOFs材料的尺寸和形状并得到核-壳生物纳米混合物TMV@MOFs,具有良好的分散性,并且可改变合成条件来调节孔径。在 MOFs 壳内部的病毒颗粒可由生物偶联反应进行化学修饰,在 MOFs 壳上表现出质量传递。

人们普遍认为介孔 MOFs 及其相关物质将能够提供比多孔材料更多的优势,更多的策略用于制备 MOFs,一般来说,制造和应用 MOFs 材料面临挑战,大多数基于 MOFs 的应用策略都需要考虑产品的合成工艺、成本效益和可再生性能。在增强化学和物理性能的同时,高比表面积和孔隙率带来一定的负面效应,如在电池和太阳能由缺陷反应引起能量转换以及固体电解质在界面上的反应会增加电荷重组,能量转换效率降低。为中孔隙度引起的低填充密度,使 MOFs 的纳米结构具有较高的表面能,导致较低的热稳定性,从而严重损害它们在高温下的催化性能。为了充分实现 MOFs 在吸附、气体吸附与分离、载药、催化、膜分离等方面独特而突出的性能,需要对它们的配体结构、表面和电子机制等进行调制,制备方法和途径将会更加优化,对未来的应用将会有更好的前景。

# 5.3 磁性金属-有机骨架复合材料的性能

## 5.3.1 吸附性能

MMOFs 不仅保持了 MOFs 的原有性能和功能,还增加了磁性材料的特性,扩大了 MOFs 的应用空间。MMOFs 由于其高的比表面积、可调节的孔径、晶体开放结构和功能而引起了人们的广泛关注。

### 5.3.1.1 金属离子

MMOFs 材料在金属离子的 MSPE 中显示出显著的吸附萃取效果[20]。王等[21]将 $Fe_3O_4$ 镶嵌在 IRMOF-3 表面上以制备 $Fe_3O_4$@IRMOF-3 材料,该材料用于富集和分离环境水样中的重金属离子 $Cu^{2+}$。与其他吸附剂相比,该材料具有更大的比表面积和更多的活性位点,并且其存在的氨

基更有利于 $Cu^{2+}$ 的选择性吸附,推测吸附 $Cu^{2+}$ 主要通过以下三个过程:(1)-$NH_2$ 和 $Cu^{2+}$ 之间的配位。(2)-$NH_2OH$ 和 $Cu^{2+}$(或 $CuOH^+$)之间的静电吸引。(3)$m$FeOH 与 $Cu^{2+}$ 之间的离子交换过程,此外,研究表明,$Fe_3O_4$@IRMOF-3 可以重复使用多次,其回收率并未显著降低。

### 5.3.1.2 有机物

Doherty 小组[22]于 2012 年首次报道了使用 MMOF 吸附持久性有机污染物的情况。可用于多环芳烃 1,2-苯并芘的储存。结果表明,$CoFe_2O_4$/Ni $Fe_2O_4$@MOF-5 能够在 6.5 h 内吸附 44% 的 1,2-苯并芘。与没有磁性材料的配合物相比,磁性 MOF-5 的吸附容量略有增加。

### 5.3.1.3 生物大分子

MMOFs 材料也可用于富集大分子材料。赵等[23]制备的 MAA-$Fe_3O_4$@HKUST-1 首次用于胰蛋白酶和人尿中低丰度肽的富集,该材料具有很强的肽亲和力,极低浓度的肽被富集并与基质辅助激光解吸电离飞行时间质谱系统结合使用。其有望在复杂的生物环境中用于分离低丰度肽段。刘等[24]制备的以二元金属为中心的 $Fe_3O_4$@PDA@Zr-Ti-MOF 具有大的比表面积,独特的多孔结构,出色的磁响应性以及 Zr-O 和 T-O 中心对金属的双重亲和力,与单金属中心的 MOF 相比,对内源性的单磷酸肽和多磷酸肽都具有更高的选择性和灵敏度。

### 5.3.2 催化性能

许多研究表明,MOFs 材料适合用作各种化学反应的高效催化剂。由于新兴的 MMOFs 大大简化了分离和回收步骤,因此越来越多的报道将其用于催化。毛等[25]利用铜基陶瓷材料和 $Fe_3O_4$ 的复合物转化而得的纳米复合材料 $Fe_3O_4$@HKUST-1 已成功用于非均相催化的 Knoevenagel 缩合反应,并且比常规的无机非均相催化剂(如 $Al_2O_3$、$SiO_2$、MgO)具有更高的催化活性。该材料作为催化剂,用于苯甲醛二甲基缩醛的反应,生成亚苄基丙二酸酯,并在 5 h 后产率达到 99%。

### 5.3.3 传感性能

近年来,将纳米荧光探针封装到 MMOFs 中,可以提高负载能力和限制荧光探针分子运动,进而提高纳米探针感测的灵敏度和选择性。作为保护层,多孔 MOFs 不仅可以防止纳米颗粒聚集,而且可以富集目标分析物,从而放大荧光信号,结合磁分离的优点,MMOFs 具有出色的传感性能。

王等[26] 基于荧光探针传感技术,通过将荧光素异硫氰酸酯和 Eu（Ⅲ）杂功能化的 $Fe_3O_4$ 封装到 ZIF-8 中,开发了一种双发射荧光 MOF,用于超灵敏和快速的比例检测 $Cu^{2+}$。

# 5.4　磁性金属-有机骨架复合材料的制备与表征

### 5.4.1 磁性金属-有机骨架材料的制备

不同磁性骨架材料的合成均需要用到先成型微粒的磁性性质,接下来所要合成的 MOF 能够较容易地附着在这些功能微粒上或在其上生长。一般按照磁性微粒与 MOF 在合成过程中的相互作用方式将磁性 MOF 的设计合成方法分为 4 类。

#### 5.4.1.1 嵌入法

将磁性微粒加入以 MOF 为主体的溶液中,最终的磁性 MOF 产物由多品 MOF 及其内部所包裹着的磁性微粒组成。其微粒的形状由合成实验的过程所决定,一般趋向于与原 MOF 晶体形态相似。合成 MOF 的常用方法是对含有功能性纳米微粒的溶液进行加热,这种方法需要将配体和无机物前体（通常为硝酸盐或乙酸盐）在溶剂或反应混合物中与磁性微粒混合。通常,超声处理能够使磁性微粒在溶液中均匀分散。采用溶剂热合成法还是水热合成法由溶剂本身性质决定。当使用高沸点极性非质子溶剂,如 N, N- 二甲基甲酰胺(DMF),N, N- 二乙基甲酰胺(DEF)N, N- 二甲基乙酰胺(DMA),以及相对于以上几种来说使用频率较低些的二甲基亚砜(DMSO)等溶剂时可采用溶剂热合成法。反应溶液中也可以加入甲醇、乙醇或水等助溶剂。水热合成法的溶剂为水或以水为主的混合溶液。一般情况下,磁性 MOF 的合成温度高于室温,反应发生在封闭容器中。当反应温度接近或高于反应试剂的沸点时,需要用到高压反应釜或高压安全瓶。

其他制备方法也同样可行。举例来说,喷雾干燥法也能够成功合成 MOF。这种合成方法是由 Carné-Sánchez 等 [27] 所提出的。采用这种方法能够得到纳米级的 MOF 化合物,如 MOF-5、MIL-88A 和 HKUST-1 的快速制备。四氧化三铁磁性纳米微粒能够嵌入 HKUST-1,这一特殊性质使得合成磁性 MOF 这一目标得以实现。

### 5.4.1.2 层层自组装法

采用逐层方法合成磁性 MOF 时,所用到的磁性微粒需要用表面功能基团修饰。能作为表面功能基团的试剂包括胺类或含有基的酸,Shekhah 和 Munuera 小组 [28-29] 将它们接枝到磁性微粒的平滑表面上,从而控制晶体的生长。这些功能基团(胶类或含有羧基的酸)同样可以用来修饰纳米微粒,并在接下来的过程中决定所形成的核 - 壳结构的构造。

### 5.4.1.3 包裹法

这种方法的原理是在磁性微粒和多孔框架之间加入特定载体,并让 MOF 在载体周围生成,由此便可获得磁性 MOF,磁性纳米结构被包装进和 MOF 具有极高相容性的材料中,这样的材料包括聚合物或含碳层;接下来,将这些复杂的混合纳米结构加入反应混合物中从而使 MOF 成核并最终生成。通常只有当被包入的微粒具有耐热性时才会加热从而促使磁性 MOF 生成。这种技术一般用来合成基于 MOF 的复合材料产品。这其中具有较大影响力的例子是用碳包裹的金属微粒合成 MOF 和用聚乙烯吡咯烷酮（PVP）包裹纳米微粒生成类沸石咪唑酯骨架化合物。近期，Faustini 研究小组[30] 发现了一种具有创新性的快速合成 MOF 和磁性 MOF 的方法，其中微液滴充当了微反应器的作用。在这种反应器中 MOF 和磁性 MOF 能够在几分钟内被快速合成。采用这种方法的一个十分成功的例子是用聚磺苯乙烯作为缓冲接口将磁性氧化铁纳米微粒包入 ZIF-8 中。

### 5.4.1.4 混合法

采用这种方法时，磁性微粒和 MOF 晶体是各自独立合成的。随后，它们在超声下混合，由此就得到了制备磁性 MOF 的粗骨料[31]。值得注意的是，MOF 和磁性材料之间的反应需要被严格控制，从而保证聚合的持久性。

在 MOF 形成以后，体系中可能含有未反应的磁性微粒纯 MOF。当磁性微粒未被成功嵌入或包入 MOF 中时需要对合成产物进行洗涤，通常采用的方法为离心，或者利用其磁性性质进行分离。

### 5.4.2 磁性金属 – 有机骨架材料的应用

#### 5.4.2.1 在分离分析中的应用

磁性 MOF 的多孔结构能够促进液相中不同客体的聚集和分离。具体实验是在微波辅助下通过间苯二腈的聚合作用生成一种基于聚合物骨架的三嗪衍生物，将磁性氧化铁纳米微粒整合到这种三嗪衍生物上，并使用最终得到的磁性 MOF 对水溶液中的染料进行吸附移除。实验最终产物具有多孔性，比表面积达 $930 \sim 1\ 150\ m^2 \cdot g^{-1}$，孔隙容积达 $1.3 \sim 1.6\ cm^3 \cdot g^{-1}$，比大部分已报道的磁性含碳复合材料和介孔二氧化硅纳米微粒都要高。不过，根据 Barrett-joyner-Halenda（BJH）方法分析该材料表面孔尺寸表明，孔的直径数值大小较分散，范围在 $2 \sim 140\ nm$。将甲基橙作为水中的污染染料，每克所合成出的磁性 MOF 能够吸附

291 mg 甲基橙,吸附速度达 $3.88 \times 10^{-3}$ g·mg$^{-1}$·min$^{-1}$。这样的吸附量和吸附速度令人十分惊讶和欣喜,超过了包括一些多孔级磁性材料在内的许多种磁性吸附剂。

采用一锅法制备 $Fe_3O_4$@MIL-101,该种方法制备的 $Fe_3O_4$@MIL-101 具有超顺磁性和良好的隔离能力,用来去除水样品中的纺织品染料,研究者通过测试 $Fe_3O_4$@MIL-101 对十种有机染料的吸附情况,并在文章中讨论了其吸附的机理,以此来说明制备的复合材料可以作为通用的吸附剂来去除水溶液中不同的染料。

Doherty 等[33]设计合成了首例专门用于污染治理的磁性 MOF,将钴的磁性纳米纤维嵌入 MOF-5,进而应用于多环芳烃(PAH)的吸附。Della 等[34]预测了这种磁性 MOF 的吸附性质,Winter 等[35]和 Greathouse 等[36]模仿合成了这种磁性 MOF,并在不同压力条件下吸附几种不同的有机分子(包括 PAH),由于芳香环是骨架结构的组成部分之一,PAH 被吸附进多孔晶体中,并由于 n-1 共轭作用而发生堆叠。

Huo 和 Yan[37]报道了制备 $Fe_3O_4$@$SiO_2$@MIL-101 的方法,并将磁性功能化的 MOF 复合材料用于固相萃取水中的 PAH,具体方法为:使用正硅酸四乙酯对磁性微粒表面进行包覆,MIL-101(Cr)在另外的容器中由水热合成法合成;接着,以水为溶剂,将所合成的 $Fe_3O_4$@$SiO_2$ 微粒与 MOF 按优化比例混合,在超声辅助下,一方面 MOF 与磁性微球发生静电作用使 MIL-101(Cr)磁化,另一方面 MIL-101(Cr)以自身特性吸附目标物,在外加磁场的作用下,利用磁力将水样中的 PAH 分子从水中分离,从而达到磁分离与 MOF 吸附二者结合的目的。所制得的吸附剂对 PAH 的吸附性能通过在模拟水溶液和真实样本的实验中得出,并应用高效液相色谱进行检测。该实验研究了磁性 MOF 用量、pH、吸附时间、离子强度、解吸溶剂等参数,得到了如下结论:MIL-101 是一种高效吸附材料,吸附最佳 pH 范围为 3 ~ 6,反应进行 20 min 后吸附效率达到最高,NaCl 盐溶液浓度低于 60 mmol·mL$^{-1}$ 有利于 PAH 的吸附。此外,使用乙腈结合声波降解法能够对复合材料中的污染物进行定量解吸。

Bagheri 等 [38] 在研究中将磁性氧化铁纳米微粒作为磁性部分,将基于磁性骨架材料的 HKUST-1 应用于检测环境样本中钯的预富集。所合成出的磁性氧化铁纳米微粒粒径为 100~200 nm,并用吡啶基团修饰以达到更好的吸附效果。利用 Ke 等 [40] 所描述的实验方法合成 MOF,将 $Fe_3O_4$/Py 加入混合反应物体系中,反应所得产物为八面体结构晶体。用火焰原子吸收光谱法检测钯的吸附情况。吡啶基团修饰 MOF 的多孔结构的存在使得每克磁性 MOF 对钯的最大吸收量达 105.1 mg。使用包括鱼类、土壤和水等真实样本和参考材料进行实验,结果表明几乎所有材料中的钯都能被吸附回收。

Silvestre 等 [41] 研究了一种不同的合成磁性骨架复合材料的方法,并对层层自组装法所得沉积物与溶剂热合成法产物进行了比较。实验中所用的纳米微粒已采用羧基功能化预先处理过。实验过程中,选择向乙酸铜或者 1,3,5-苯三甲酸($H_3BTC$)溶液中加入磁性纳米微粒,随后利用磁性进行快速收集。循环 40 次后,磁性微粒表面包裹了 25 nm 厚的 MOF,相当于每次循环 0.5~0.6 nm。通过透射电子显微镜分析,研究人员发现透明 MOF 外壳含有额外的 10nm 左右的小型微粒,这些微粒最可能来自于 MOF 的破坏,因为 HKUST-1 在电子束辐射下并不稳定。通过 BET 分析,经过 200 次循环后,材料表面积从 17 $m^2 \cdot g^{-1}$(未包裹 MOF 的微粒)增加到 1 150 $m^2 \cdot g^{-1}$,在数值上与纯 HKUST-1 接近。使用固相层析法分离乙醇溶液中的甲苯和嘧啶来检测所合成磁性 MOF 性质。尽管使用 MOF 吸附分离甲苯和吡啶所得到的层析峰并未完全分离,但仍能够获得部分分离。

### 5.4.2.2 在生物医学方面的应用

药物载体是决定药物治疗效果的主要因素,也是缓释系统的重要组成部分。Horcajada 等 [40-42] 通过选择不同的纳米孔洞 MOF,如 MIL-100、MIL-101 及一些基于无毒性铁的羧酸骨架为载体,来进行药物装载和控制缓慢释放研究。

美国北卡罗来纳大学 Pashow 等 [43] 也通过微波法快速合成了 Fe

的 MIL-101,并通过共价键修饰将荧光剂和抗癌剂固载到骨架中,得到了很好的药物固载体和荧光体。这些结果清楚地证明了与传统的药物释放体系相比,MOF 在药物固载率和控制药物释放动力学上都具有明显的优势。

近年来,磁性骨架复合材料由于能够在生物系统中负载和输送特殊药物而引起了研究人员极大的研究兴趣。磁性 MOF 同时兼具 MOF 和磁性微粒的特性,具体来说,MOF 的高表面积能够储存和释放药物,而磁性微粒对外加磁场具有刺激响应性,因而使磁性 MOF 用于药物输送方面成为可能。

Imaz 等 [32] 首先完成了 MOF 结合磁性微粒用于生物医学领域的尝试。在该实验中客体材料(磁性氧化铁纳米微粒)被嵌入由 Zn(bix)(NO$_3$)$_2$[bix=1,4-bis(1-imidazolyl)benzene] 合成的磁性微球中。将磁性微粒加入 MOF 溶液中,在室温下采用声波降解或大力搅拌的方式混合反应物,这样即可生成所需材料。所合成出的材料为纳米球体,平均直径为 600 nm,被包裹于球体内部的磁性氧化铁纳米微粒平均粒径为 10nm。

Ke 等 [40] 报道了关于利用磁性 MOF 吸收和释放药物的详细研究。该研究中的磁性 MOF 由 HKUST-1[Cu$_3$(btc)$_2$] 和 Fe$_3$O$_4$ 磁性纳米棒所合成,所使用药物为抗炎药尼美舒利,这种药物也常被用于治疗胰腺癌。磁性 MOF 的合成过程分为两步:首先,利用共沉淀法合成 Fe$_3$O$_4$ 磁性纳米棒;接着,利用热溶剂法制得磁性 MOF,通过 BET 分析法确定待负载药物的用量。令人惊讶的是,使用所合成的磁性 MOF 负载尼美舒利后,该复合材料的表面积减少了 95%,并且每克材料的装药量达 0.201 g。基于这些数据,研究人员认为该骨架材料内的几乎所有空间均被药物填满。填装了尼美舒利的磁性 MOF 对外加磁场也表现出快速响应性,在 20 s 的时间内磁性 MOF 被全部收集了起来。检测显示,在生理条件下药物释放过程分为 3 个阶段:在最初的 4 h 内,由于简单扩散作用,20% 的药物被快速释放:接下来的 7 d 中,70% 的药物由于解吸作用被缓慢而稳定的释放;最终剩余的 10% 的药物在随后的 4 d

被释放。尽管含铜衍生物可能有毒性从而导致该磁性骨架材料本身并不适合实际应用,但该实验验证了磁性 MOF 作为目标药物的高效率载体的可行性,尤其是应用于药物的释放方面。

Lohe 等[38]研究了在交变磁场中以 Al 和 Cu 作为配位中心的磁性 MOF 在药物释放中的应用。该小组利用磁性氧化铁纳米粒子制备了 M-DUT-4、M-DUT-5 和 M-KUST-1 磁性 MOF 复合材料。MOF 由于异核化作用,会在带有羟基的磁性纳米粒子外面快速生长,从而将磁性纳米粒子包裹在 MOF 的聚合体中,形成磁性 MOF 复合物。由这种方法所合成的磁性 MOF 在晶体形态和形貌特征方面与原始 MOF 相似。得到的磁性 MOF 复合材料不仅没有改变 MOF 的性质,而且还具有磁性纳米粒子的超顺磁性。这种复合材料可以利用静态磁场得以分离,并且通过外加交替磁场的加热促使药物分子释放。由于溶入骨架结构的磁性氧化铁具有超顺磁性,最终的合成产物没有剩磁。对于药物输送体系来说,这是一个需要注意的基本特点,因为低剩余磁化强度能够阻止血液中不受控的凝结,从而减少了致命的血液栓塞的可能。

$\gamma$-Fe$_2$O$_3$@MIL-53(Al)在药物输送方面潜力巨大。在药物释放的实验中,将 300 mg 的布洛芬试剂溶于 10 mL 的乙烷中,将 100 mg 的活化过的磁性 MIL-53(Al)加进去,并在常温下搅拌 72 h。负载药品后,样品通过磁铁进行分离,用乙烷进行洗涤后再真空干燥。磁性 MIL-53(Al)作为载体在 37℃的生理盐水中可以运送布洛芬试剂,在 30 min 内可以释放 30% 通过物理作用吸附的布洛芬,在接下来的 2 d 内 50% 的药物会被缓慢而稳定的释放出来,在之后的 5 d 内可以释放出剩余的 20%。这样的结果表明该种磁性 MOF 材料可以应用于药物输送系统,由于 $\gamma$-Fe$_2$O$_3$ 良好的生物相容性和无毒性,可广泛应用于诊断、成像和治疗当中。由此可以预测,磁性 MOF 材料可以将应用领域扩展到磁性分离、催化剂和传感器等领域。

### 5.4.2.3 在催化方面的应用

目前已有关于使用 MOF 材料作为催化剂或催化剂载体的研究。

人们发现 MOF 对许多种化学反应都能起到有效催化作用，但是将催化剂从溶液中分离出来却需要增加额外的步骤。磁性 MOF 通过外加磁场就能被轻易收集的性质成为其作为催化剂使用时的一项重要优势，这种优势能够使催化剂的快速分离和回收得以实现。

有研究报道在苯甲醛和三甲基硅鼠的反应中使用了一种带有磁性微粒的基于 DUT-4 的磁性 MOF 作为催化剂[44]，在具有磁性微粒和不具有磁性微粒的骨架材料催化性能比较实验中，未被修饰的 MOF 催化剂在反应 12 h 后能够定量产生催化产物，而磁性骨架材料在相同时间之后能够催化产生大约 80% 的产物，24 h 后开始定量催化。不同催化速率的原因主要归结为与原始 DUT-4 相比，磁性 MOF 催化剂中的骨架材料总量有所减少。

Arai 等[45]报道了关于使用磁性骨架复合材料作催化剂的相关研究。著名的三甲基硅烷基乙烯醚和 α-羟基酮的氧化反应，以及 2-硝基苯甲醛和硝基甲烷的亨利反应中使用了以铜作为配位中心的羧基或氨基功能化微粒的骨架材料作为催化剂。氨基功能化或羧基功能化的磁性微粒（200 mm）被成功嵌入 4,4'-联吡啶或 4,4'-联苯甲酸铜骨架材料。上述氧化反应 48 h 后转化率达 75%~99%，亨利反应在磁性 MOF 的催化下转化率则达到 99% 以上。磁性骨架复合材料经过多次使用和收集以探究其作为催化剂的重复利用性。经过 8 次循环后，亨利反应中反应物产量降低到 94%，10 次反应后降低到 83%，表明磁性骨架复合材料能够被重复使用。催化剂暴露在空气中时表现出良好的稳定性。

Zhang 等[46]报道了一种简单有效的方法，将贵金属包裹进磁性 MOF 当中，这种菜花状的微球由一个磁核和 MIL-100（Fe）通过层层组装而成。实验过程分为以下几个步骤，首先合成磁性 $Fe_3O_4$ 微球，通过疏基乙酸将其表面进行功能化修饰，之后合成核构的 $Fe_3O_4$@MIL-100（Fe），将 $Fe_3O_4$@MIL-100（Fe）分散在乙醇中，加入 $HAuCl_4 \cdot H_2O$，$H_2PtCl_6 \cdot 6H_2O$ 和 $H_2PdCl_4$ 持续搅拌 5 h，加入一定量的 $NaBH_4$ 后完成金属离子的还原，最后制备得到 $Fe_3O_4$@M/MIL-100

（Fe）（M=Au、Pt、Pd），催化性能与之前报道的相似催化剂相比有显著的提高。

# 参考文献

[1]Cheon Y E, Suh M P.Enhanced hydrogen storage by palladium nanopartticles fabricated in a redox-active metal-organic framework[J]. Angew Chem Int Ed,2009,48: 2899-2903.

[2]Jiang H L, Liu B, Akita L, et al.Au@zIF-8: CO Xidation over gold nanoparticles deposited to metal-orgatilt framework[J].J Am Chem Soc,2009,131: 11302-11303.

[3]Aijaz A, Akita L, Tsumori N, et al.Metal-organic framework-immobilized polyhedral metal nanocrystals: reduction at solid-gas interface, metal segregation, core-shell structure, and high catalytic activity[J].J Am Chem SOC,2013,135: 16356-16359.

[4]Jiang HL, Akita T, Ishida T, et al.Synergistic catalysis of Au@ Ag core-shell nanoparticles stabilized on metal-organic framework[J].J Am Chem Soc,2011,133: 1304-1306.

[5]Hermannsdörfer J, Friedtich M, Miyajima N, et al.Ni/Pd@MIL-101: synergistic catalysis With cavlty-conform Ni/Pd nanoparticles[J]. Angew Chem Int Ed,2012,51: 11473-11477.

[6]Li PZ, Aranishi K, Xu Q.ZIF-8 immobilized nickel nanopanicles: highly effective catalysts for hydrogen generation from hydrolysis of ammonia borane[J].Chem Commun,2012,48: 3173-3175.

[7]Zhang W N, Lu G, Cui C L, et al.A family of metal-organic frameworks exhibiting size-selective catalysis with encapsulated noble-

metal nanoparicles[J].Adv Mater,2014,26: 4056-4060.

[8]Zhang W N, Liu Y Y, Lu G, et al.Mesoporous metal-organic frameworks With size-, shape-, and space-distribUtlOn-coDtrolled pore strucmre[J].AdV Mater,2015,27: 2923-2929.

[9]Zhao M T, Deng K, He L C, et al.core-shell palladium nanoparticle@metaliorganic frameworks as multifunctional catalysts for cascade reactions[J].J Am Chem Soc,2014,136: 1738-1741.

[10]Liu X, He L C, Zheng J Z, et al.Solar light driven renewable butanol separation by core-shell Ag-ZIF-8 nanowlres[J].Adv MateL, 2015,27: 3273-3277.

[11]Li Y T, Tang J L, He L C, et al.core-shell upconversion nanoparticle@metal-organic framework nanoprobes for luminescent/ magnetic dual-mode targeted imaging[J].AdV Mater,2015,27: 4075-4080.

[12]Silvestre M E, Franzreb M, Weidler P G, et al.Magnetic cores With porous coatings: griwth of metal-organic frameworks on paricles usingliquid phased epitaxy[J].Adv Funct Mater,2013,23: 1210-1213.

[13]Ke F, Yuan YP, Qiu L G, et al.Facile fabrication of magnetic metal-organic framework nanocomposites for potential targeted drug delivery[J].J Mater Chem.2011,21: 3843-3848.

[14] 葛金龙.金属有机骨架材料制备及其应用 [M].合肥: 中国科学技术大学出版社,2019.

[15] Ahmed I, Jhung S H. Adsorptive desulfurization and denitrogenation using metal-organic frameworks[J]. J. Hazard. Mater. , 2016,301: 259-276.

[16] Lee W R, Hwang S Y, Ryu D W, et al. Diamine functionalized metal-organic framework: exceptionally high $CO_2$ capacities from ambient air and flue gas, ultrafast $CO_2$ uptake rate, and adsorption mechanism[J]. Energy Environ. Sci.,2014,7: 744-751.

[17] Ge J L, Liu L L, Qiu L G, et al. Facile synthesis of amine-functionalized MIL-53（Al）by ultrasound microwave method and application for $CO_2$ capture[J]. J. Porous Mater, 2016, 23（4）: 857-865.

[18] Yuan S, Chen Y P, Qin J S, et al. Linker installation: engineering pore environment with precisely placed functionalities in Zirconium MOFs[J].J.Am.Chem. Soc. ,2016,138（28）: 8912-8919.

[19] Wang T S, Gao L J, Hou J W, et al.Rational approach to guest confinement inside MOFs cavities for low temperature catalysis[J]. Nat.Comm.,2019,10: 1340.

[20] 崔梦娇.磁性金属-有机骨架复合材料的制备及其对水中有机污染物吸附性能的研究 [D]. 保定: 河北大学,2020.

[21]Wang Y, Xie J, Wu Y C, et al.A magnetic metal-organic framework as a new sorbent for solid-phase extraction of copper（ID）, and its determination by electrothermal AAS[J]Microchimica Acta, 2014,181（9-10）: 949-956.

[22]Doherty C M, Knysaut as E, Buso D, et al.Magnetic framework composites for polycyclic aromatic hydrocarbon sequestration[J].Journal of Materials Chemistry,2012,22（23）: 11470.

[23]Zhao M, Deng C, Zhang X, et al.Facile synthesis of magnetic metal organic frameworks for the enrichment of low-abundance peptides for MALDI-TOF MS analysis[J].Proteomics,2013,13（23-24）: 3387-3392.

[24]Liu Q, Sun N, Gao M, et al.Magnetic Binary Metal-Organic Framework As a Novel Affinity Probe for Highly Selective Capture of Endogenous Phosphopeptides[J].ACS Sustainable Chemistry&Engineering,2018,6: 4382-4389.

[25]Mao Y, Li J, Cao W, et al.General incorporation of diverse components inside metal-organic framework thin films at room

temperature[J].Nature Communications,2014,5：5532.

[26]Wang J, Chen H, Ru F, et al. Encapsulation of Dual-Emitting Fluorescent Magnetic Nanoprobe in Metal-Organic Frameworks for UItrasensitive Ratiometric Detection of $Cu^{2+}$[J]. Chemistry-A European Journal, 2018, 24：3499-3505.

[27] Carné-Sánchez A, Imaz I, Cano-Sarabia M, et al. A spray-drying strategy for synthesis of nanoscale metal-organic frameworks and their assembly into hollow superstructures[J].Nat Chem,2013,5：203-211.

[28] Shekhah O, Wang H, Paradinas M, et al. Controlling interpenetration in metal–organic frameworks by liquid-phase epitaxy[J].Nat Mater,2009,8：481-484.

[29] Munuera C, Shekhah O, Wang H, et al. J Chem Phys,2008, 10：7257-7261.

[30] Faustini M, Kim J, Jeong G Y, et al. Microfluidic Approach toward Continuous and Ultrafast Synthesis of Metal–Organic Framework Crystals and Hetero Structures in Confined Microdroplets[J].J Am Chem Soc, 2013, 135（39）：14619-14626.

[31] 陈立钢. 磁性纳米复合材料的制备与应用 [M]. 北京：科学出版社,2016.

[33] Imaz I, Hernando J, Ruiz-Molina D, et al. Metal-Organic Spheres as Functional Systems for Guest Encapsulation [J].Angew Chem Int Edit, 2009, 48：2325-2329.

[34] Della R J, Lin W. Special Issue：Targeted Fabrication of MOFs for Hybrid Functionality[J].Eur J Inorg Chem, 2010, 24：3725-3734.

[35] Winter S, Weber E, Eriksson L, et al. New coordination polymer networks based on copper（Ⅱ）hexafluoroacetylacetonate and pyridine containing building blocks：synthesis and structural study [J].

New J Chem, 2006, 30: 1808-1819.

[36] Greathouse J A, Ockwig N W, Criscenti L J, et al. Computational screening of metal–organic frameworks for large-molecule chemical sensing[J].Phys Chem Chem Phys, 2010,12: 12621-12629.

[37] Huo S H, Yan X P. Facile magnetization of metal–organic framework MIL-101 for magnetic solid-phase extraction of polycyclic aromatic hydrocarbons in environmental water samples[J].Analyst, 2012,137: 3445-3451.

[38] Bagheri A, Taghizadeh M, Behbahani M, et al. Preparation of highly selective magnetic cobalt ion-imprinted polymer based on functionalized SBA-15 for removal $Co^{2+}$ from aqueous solutions[J]. Talanta, 2012, 99: 132-139.

[39] Ke F, Yuan Y P, Qiu L G, et al. Thiol-functionalization of metal-organic framework by a facile coordination-based postsynthetic strategy and enhanced removal of $Hg^{2+}$ from water[J].J Mater Chem, 2011,21: 3843-3848.

[40] Silvestre M E, Franzreb M, Weidler P G, et al. Magnetic Cores with Porous Coatings: Growth of Metal-Organic Frameworks on Particles Using Liquid Phase Epitaxy[J].Adv Funct Mater,2013,23: 1210-1213.

[41] Horcajada P, Serre C, Vallet-Regi M, et al. Metal-organic frameworks as efficient materials for drug delivery[J].Angew Chem Int Edit, 2006, 45（36）: 5974-5978.

[42] Horcajada P, Serre C, Maurin G, et al. Remotely triggered liposome release by near-infrared light absorption via hollow gold nanoshells[J].J Am Chem Soc, 2008, 130（21）: 6774-6780.

[43] Horcajada P, Chalati T, Serre C, et al. Porous metal-organic-framework nanoscale carriers as a potential platform for drug delivery

and imaging[J].Nat Mater, 2010, 9（2）：172-178.

[44] Pashow K M L T, Rocca J D, Xie Z G, et al. Post-synthetic modifications of iron-carboxylate nanoscale metal-organic frameworks for imaging and drug delivery[J].J Am Chem Soc,2009, 131（40）：14261-14263.

[45] Lohe M R, Gedrich K, Freudenberg T, et al. Heating and separation using nanomagnet-functionalized metal–organic frameworks[J].Chem Commun,2011,47：3075-3077.

[46] Arai T, Kawasaki N, Kanoh H. Magnetically Separable Cu-Carboxylate MOF Catalyst for the Henry Reaction[J].Synlett, 2012：1549-1553.

[47] Zhang H J, Qi S D, Niu X Y, et al. Metallic nanoparticles immobilized in magnetic metal-organic frameworks：Preparation and application as highly active, magnetically isolable and reusable catalysts[J].Catalysis Science & Technology, 2014, 4（9）：3013-3024.

# 纳米磁性有机高分子复合材料制备及表征技术

材料是现代制造业的基础,是科学技术发展的先导。人类社会按照能够使用的材料对社会进行了断代,包括石器时代、青铜器时代、铁器时代等,每一次关键材料的进步都推动了人类社会的迅速发展。由此可见,材料在人类社会发展史上占有极其重要的地位。

高分子材料从 1907 年合成第一个塑料酚醛树脂到现在已有 100 多年的历史,以其低密度、易加工的特点,成为现代社会的重要基础材料。

为了满足各种现代制造业和日常生活的需要,有机高分子材料已经发展到上千个品种,开发了包括通用塑料、工程塑料、特种工程塑料、橡胶、热塑性弹性体、热固性树脂等在内的品种繁多、性能可满足电子电气、汽车、交通运输、航空航天工业、农业和日常生活方方面面需求的高分子材料。

目前,高分子材料正向功能化、智能化、精细化、高性能化方向发展,使其由结构材料向具有独特功能的材料方向发展。

在当今社会,材料科学和新型材料技术进一步成为通用制造和现代高端制造业的基础,是现代工程材料的主要支柱,与信息技术、生物技术一起,推动着社会的不断进步。

# 6.1 有机高分子材料概述

## 6.1.1 有机高分子材料的产生和发展

有机高分子材料是在人们长期生产实践和科学研究的基础上产生与发展起来的。人类远古时期就开始利用皮毛、棉花、淀粉、天然橡胶、纤维素、虫胶、蚕丝、甲壳素、木料等一系列天然高分子材料进行生活，但是，对这些高分子材料的本质结构却毫无所知。在19世纪中叶时仍然没有形成长链分子的概念，为了满足人类对高分子材料性能和品质的需求，人们开始着手研究天然高分子的改性和人工合成。

1839年，美国人Charles Goodyear通过将天然橡胶与硫磺一起加热，发现其有显著的变化，本来天然橡胶具有硬度较低、遇热发黏软化、遇冷发脆断裂等不实用的性能，转变为富有弹性和可塑性。1840年，Goodyear和Hancock研究成功了天然橡胶的硫化技术，实现了提升橡胶弹性的目的，弥补了天然橡胶的不足，扩大了橡胶的应用范围。1851年，硬质橡胶正式得到了商用。1869年，美国化学家海厄特（John Wesley Hyatt）通过一次偶然的机会制造出了低硝酸含量的硝酸纤维素，也就是赛璐珞，它是第一种人造塑料，也是商业上最早生产的合成塑料。1887年，法国人Chardonnet利用硝化纤维素溶液进行纺丝，制造出了第一种人造丝（rayon）。1907年，美国化学家贝克兰（Leo Hendrik Baekeland）利用苯酚和甲醛进行反应，得到了第一种人工合成树脂——酚醛树脂，这是用化学合成的方法得到并被实际应用的第一种有机高分子材料，贝克兰申请了关于酚醛树脂"加压、加热"固化的专利技术，并于1910年10月10日成立了Backlite公司，这标志着人类正式开始制造和应用有机高分子材料。1915年，为了避免过度依赖天然橡胶，德国利用二甲基丁二烯得到了合成橡胶，第一次完成了合成橡胶的工业化生产。

19 世纪,材料研究人员几乎从未研究过分子量大于 10 000 g/mol 的物质,他们把这类高分子量的物质与小分子稳定悬浊液形成的胶体体系看成了一类物质。1920 年,德国科学家赫尔曼·施陶丁格(Hermann Staudinger)提出此类物质并不是有机胶体,并且假设这些被称作聚合物的高分子量物质是通过共价键构成的真实大分子,同时在他提出的大分子理论中也阐明聚合物是由长链构成的,其中各结构单元是以共价键的形式连接在一起。较高的分子量和大分子长链的特征使得聚合物具有了一些特殊性能。直到此时,人们才逐渐认识到塑料、橡胶、纤维素和天然材料具有相似的本质,同时揭开了用化学合成方法大规模制备有机高分子材料的序幕。

1926 年,美国化学家 Waldo Semon 合成了聚氯乙烯,并于 1927 年实现了工业化生产。自 1929 年开始,美国杜邦公司的科学家卡罗瑟斯(Wallace Hume Carothers)研究了一系列缩合反应,验证并发展了大分子理论,合成出聚酰胺 66,即尼龙 66。在 1938 年尼龙 66 实现了工业化生产。随后,聚甲基丙烯酸甲酯、聚苯乙烯、脲醛树脂、聚硫橡胶、氯橡胶等众多的合成高分子材料相继问世,迎来了有机高分子材料的蓬勃发展。1940 年,美国杜邦公司(DuPont)推出尼龙纺织品(如尼龙丝袜),其经久耐用,在当时的美国和欧洲风靡一时。尼龙 66 纤维制造的降落伞,更是大大提高了美国军队在第二次世界大战中的作战能力。[1]

20 世纪 50 年代,随着石油化工的发展,有机高分子材料工业拥有了十分丰富和便宜的原料来源,当时除乙烯、丙烯外,几乎所有的通用单体都实现了工业化生产。1953 年,德国化学家齐格勒(Kar Waldemar Ziegler)和意大利化学家纳塔(Giulio Natta)发明了配位聚合的齐格勒 - 纳塔催化剂,这种催化剂能使乙烯在常温常压下进行聚合,其工艺简单、生产成本低,使聚乙烯和聚丙烯这类通用有机高分子材料走入千家万户。更重要的是,齐格勒 - 纳塔催化剂不仅能够用来进行塑料合成,而且还能用于橡胶合成等有机合成,它的出现加速了有机高分子材料工业的发展,得到了一大批新的有机高分子材料,并带动其他的与不同金

属配合的配位聚合催化剂的开发,使得有机高分子材料成为当代人类社会文明发展阶段的标志。

　　20世纪60年代,有机高分子材料工业经过日新月异的发展,合成出各种特性的塑料材料,如聚甲醛、聚氨酯、聚碳酸酯、聚砜、聚酰亚胺、聚醚醚酮、聚苯硫醚等,以及特种涂料、黏合剂、液体橡胶、热塑性弹性体和耐高温特种有机纤维等,新产物和新产品层出不穷,使有机高分子材料产品成为推动国民经济增长的动力源和人们日常生活中不可或缺的材料。

　　20世纪70年代,有机高分子材料科学获得大发展,1971—1978年,美国科学家Heeger、MacDiarmid和日本白川英树在导电高分子材料方面进行了深入的研究,得出高分子不仅是绝缘体的结论,塑料导电研究领域取得突破性的发现,这一领域的开创性研究"导电聚合物"获得2000年诺贝尔化学奖。有机高分子材料工业实现了生产的高效化、自动化、大型化,出现了高分子合金(如抗冲击聚苯乙烯)及高分子复合材料(如碳纤维增强复合材料)。

　　20世纪80年代,有机高分子材料不断深入发展,可以根据具体需求,通过分子设计使有机高分子材料多样化,在更大的范围内拓展应用。合成高分子化学的发展趋势为结构更精细、性能更高级,如制备具有超高模量、超高强度、难燃性、耐高温性、耐油性等的有机高分子材料、生物医学材料、半导体或超导体材料、低温柔性材料等。

　　目前,有机高分子材料正朝着功能化、智能化、精细化的方向发展,其由结构材料向具有光、声、电、磁、生物医学、仿生、催化、物质分离以及能量转换等相应的功能材料方向扩展,例如分离材料、光导材料、生物材料、储能材料、智能材料、纳米材料、电子信息材料等。

### 6.1.2　有机高分子材料种类

　　有机高分子材料包括天然高分子材料和合成高分子材料。天然高分子材料有天然橡胶、纤维素、淀粉、蚕丝、甲壳素等;合成高分子材料也有很多类型,已经成为现代制造业应用的主体,大体包括塑料、橡胶、

纤维、黏合剂、聚合物基复合材料、聚合物合金、功能高分子材料、生物
高分子材料等。

### 6.1.2.1 塑料

塑料通常是在合成树脂中,添加进一些助剂(如填料、增塑剂、稳定
剂、润滑剂、交联剂等)制得的。按使用范围和用途分类,大体上分为通
用塑料、工程塑料、特种工程塑料,如图 6-1 所示。

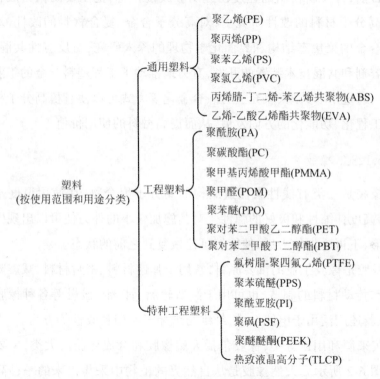

图 6-1　按使用范围和用途分类

注:以上所列均为各树脂类别的主要品种,尚有一些用量小的品种
没有全部涵盖在内。

通用塑料的产量大、用途广,占塑料应用量的 80% 以上。它的使用
温度在 100 ℃以下,价格低廉,性能相对一般,通常非结构材料和生活
用品多使用此种塑料。例如,聚乙烯、聚丙烯、聚氯乙烯、聚苯乙烯、丙
烯腈 - 丁二烯 - 苯乙烯共聚物等。

工程塑料的力学性能较好,可在100~150 ℃的范围内使用,可用于制作结构材料。例如,聚酰胺、聚碳酸酯、聚甲醛、聚苯醚、热塑性聚酯等。

特种工程塑料可在高于150 ℃的条件下使用,力学性能更好。航空、航天领域往往要求材料的质量轻,力学性能高,多使用特种工程塑料来替代金属材料。例如,聚酸亚胺、聚芳酯、聚苯酯、聚砜、聚苯硫醚、聚醚醚酮、氟塑料等。

目前,开发新树脂的速度已经明显放慢,人们把主要的精力放在对现有高分子材料的改性研究上,对高分子合金、复合材料的改性,对高分子合金的聚集态结构和界面化学物理的深入研究,对反应性共混、共混相容剂和共混技术装置的开发,有力地推动了工程塑料合金的工业化发展。通过采取共聚、填充、增强、合金化等方式可以使有机高分子材料朝着工程化、功能化的方向发展,从而提高材料的使用价值。

### 6.1.2.2 橡胶

橡胶是一类有线性柔性链结构的高分子聚合物,在使用温度范围内,有高度伸缩性和极好的弹性。对其施加较小的外力便可以出现极大的变形,不再施加外力后,便能够迅速恢复到之前的状态。

橡胶是橡胶工业的重要原料,常用于弹性材料、密封材料、减震防震材料和传动材料的制造,也可用于制造轮胎、管、带、胶鞋等各种橡胶制品,橡胶还广泛用于电线电缆、纤维与纸加工及塑料改性等方面。

按来源和用途分类,橡胶包括天然橡胶和合成橡胶两大类,主要品种如图6-2所示。天然橡胶是从自然界的植物中采集出来的一种高弹性材料。合成橡胶是各种单体发生聚合反应生成的有机高分子材料。

### 6.1.2.3 纤维

纤维指的是长度远超过直径,并且有柔韧性的很细的物质,包括天然纤维、人造纤维和合成纤维。纤维的主要类型如图6-3所示。

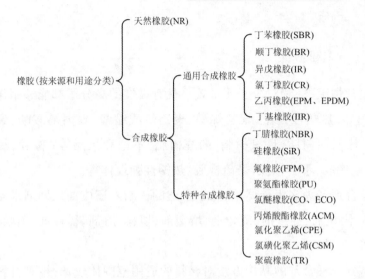

图 6-2　橡胶种类

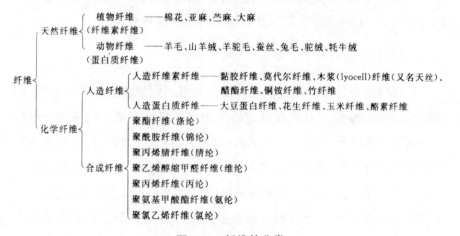

图 6-3　纤维的分类

　　天然纤维能够从动植物中获得,常见的有棉花、麻、蚕丝等。人造纤维是利用天然聚合物,并对其进行化学处理和机械加工制备的纤维,例如,黏胶纤维、铜铵纤维、乙酸酯纤维等。合成纤维是合成的聚合物制备的,常见的有聚酯纤维(涤纶)、聚酰胺纤维(尼龙)、聚丙烯腈纤维(腈纶)三大类。这三大类纤维的产量占合成纤维总产量的 90% 以上。人造纤维及合成纤维,统称化学纤维。合成纤维照化学组成分类,则可以分成聚丙烯腈纤维、聚酯纤维、聚酰胺纤维、含氯纤维、聚丙烯纤维以及特种纤维。

### 6.1.2.4 黏合剂

通常情况下,相对分子质量较小且有极性的高分子都能够用作黏合剂。例如,热塑性树脂,聚乙烯醇、聚乙烯酸缩醛、聚丙烯酸酯、聚酰胺类等;热固性树脂,环氧树脂、酚醛树脂、不饱和聚酯等;橡胶,氯丁橡胶、丁基橡胶、丁腈橡胶、聚硫橡胶、热塑性弹性体等。

黏合剂多为多组分体系,除了上述的树脂外还应加入助剂来完善性能,如:固化剂、促进剂、硫化剂、增塑剂、填料、溶剂、稀释剂、偶联剂、防老剂等。

高分子黏合剂的黏接方法对材料的适用范围比较宽,被黏材料无论是金属材料、无机非金属材料还是有机高分子材料都可采用黏合剂来黏接,因此高分子黏合剂的发展受到越来越广泛的重视。

### 6.1.2.5 聚合物基复合材料

复合材料指的是由两种或两种以上具有不同性质的材料组成的,同时组成之后能够得到有优良性能的多相固体材料。聚合物基复合材料是在高分子聚合物中加入一些增强材料制备得到的复合材料,聚合物基复合材料制备方便,并且具有许多优良性能,是应用较广泛的复合材料。

20世纪70年代,日本首先研制出以聚合物为基体的磁性复合材料。这种聚合物基磁性复合材料一般由磁性组分材料和聚合物基体复合而成,其主要优点有:①密度小;②材料机械性能优良,具有很好的冲击强度和拉伸强度;③加工性能好,既可制备尺寸准确、收缩率低、壁薄的制品,也可以生产1 kg以上的大型形状复杂的制品,并不需二次加工,但若需要也可以方便地进行二次加工。

聚合物基磁性复合材料主要由磁性功能体(磁粉)、聚合物基体(黏结剂)和加工助剂三大部分组成。强磁粉的性能对复合材料的磁性能影响最大;基体性能的好坏对复合材料的磁性能、力学性能及成型加工性能有很大影响;加工助剂主要用于改善材料的成型加工性能,也有利于提高其磁性能。

（1）磁性功能体。

磁性功能体又称磁性材料。根据磁功能特性,常用的磁性材料可分为软磁材料和硬磁材料。软磁材料的特点是低矫顽力和高磁导率;硬磁材料则具有高矫顽力和高磁能积。磁性复合材料中的磁性功能体一般为粉状,即称磁粉,主要包括铁氧体和稀土类两类。磁粉性能的好坏是直接影响磁性复合材料性能的关键因素之一。磁粉性能的优劣与其组成、颗粒大小、粒度分布以及制造工艺有关。

铁氧体(ferrite)是以氧化铁和其他铁族或稀土族氧化物为主要成分(如 $BaO \cdot 6Fe_2O_3$ 或 $SrO \cdot 6Fe_2O_3$)的复合氧化物,是一种新型非金属磁性材料,是含铁的磁性陶瓷(magnetic ceramics)。软磁铁氧体是一种容易磁化和退磁的铁氧体,1935 年荷兰人 Snock 首次将其研制成功,以后发展极为迅速。20 世纪 30 年代以后,高磁导率、低损耗、高稳定性、高密度、高饱和磁通密度的软磁铁氧体相继问世,使用铁氧体制作的感应器体积缩小到原来的 1/100 以下,并被广泛地应用于航天、航空、通信等高科技领域。与稀土类磁粉相比,铁氧体磁粉本身磁性能较差,因此所得的磁性复合材料的磁性能也较差,其最大磁能积仅为 0.5~1.4 MGOe,但由于价格低廉,仅为稀土类复合磁粉的 1/60~1/30,而且性能稳定、成型比较容易,所以仍占整个磁粉总量的 90% 左右。

稀土类(RE)磁粉的发展经历了以下几个阶段。

第一阶段为 $SmCo_5$ 类磁粉。这是 20 世纪 60 年代以 $SmCo_5$ 为代表的 1∶5 型 RE-Co 永磁材料,一般由粉末冶金法制取,其复合永磁性能比铁氧体复合永磁优异得多,最大磁能积达到 8.8 MGOe,其最大缺点是磁性的热稳定性差,成型中易氧化,其复合永磁长期使用温度低,长期使用性能不稳定。

第二阶段为 $Sm_2Co_{17}$ 类磁粉。即 20 世纪 70 年代为改善第一代稀土复合永磁的热稳定性和提高磁性能,通过对 $SmCo_5$ 掺杂改性发展的以 Sm(Co、Fe、Cu、Zr)$x$（$x$=7.0~8.5）为代表的 2∶17 型 RE-Co 系列。其磁性能与热稳定性比第一代优异得多,各向异性 $Sm_2Co_{17}$ 复合永磁的最大磁能积高达 17 MGOe,最高长期使用温度可达 100 ℃。其优异的耐腐蚀性能的主要原因是 $Sm_2Co_{17}$ 磁粉晶粒内部具有畴壁钉扎结构,磁性表面受氧和湿气侵蚀时远不如 $SmCo_5$ 敏感。但 $Sm_2Co_{17}$ 类复合永磁仍存在着价格昂贵的问题,推广应用困难。

第三阶段为稀土类复合永磁。20 世纪 80 年代以不含 Sm、Co 等昂贵稀有金属的 $Nd_2Fe_{14}B$ 为代表的 NdFeB 第三代稀土类复合永磁的出现,很快以其优异的磁性能、低廉的价格备受人们青睐。烧结 NdFeB 永磁的最大磁能积已高达 50 MGOe。NdFeB 永磁的问世使稀土类复合永磁的发展速度大大加快,其价格也大幅下降,比杉钴类便宜 1/3 ~ 1/2。NdFeB 类复合永磁现已占整个稀土类复合永磁市场的 1/3 左右。由于其价格便宜,性能优异,在推广应用方面有巨大潜力。

第四阶段为复合磁粉。近年来,多元复合黏结磁体的研究逐渐受到众多国内外学者的关注,多元复合黏结磁体是指磁体中含有两种以上的不同磁粉;由于黏结 NdFeB 具有较高的性能价格比,因此将其他磁粉与 NdFeB 磁粉混合后制成复合黏结钕铁硼磁体备受关注。复合体系有:快淬 NdFeB 磁粉与铁氧体磁粉的复合,快淬 NdFeB 磁粉与 SmCo 粉的复合,各向同性与各向异性 NdFeB 粉的复合等。复合黏结 NdFeB 有希望在低价位、低温度和磁性能设计系数方面获得突破。利用复合黏结磁体中不同磁粉的温度补偿作用和各向异性磁粉与各向同性磁粉的温度补偿作用,可以有效地降低温度系数。通过成分设计,可以制备出磁能积在 2~12 MGOe 范围内连续可调的黏结磁体。[2]

(2)磁性材料黏结剂。

磁性复合材料的聚合物基体能够起到黏结的作用,也称为磁性材料黏结剂,包括橡胶类、热固性树脂类和热塑性树脂类。橡胶类基体分为天然橡胶与合成橡胶,并且大部分属于后者。此类基体多用于制备柔磁基体复合材料,尤其是在耐热、耐寒的要求下多选择硅橡胶作为聚合物基体。但与树脂类基体相比,橡胶的加工条件要求较高,因而在磁性复合材料的不断发展中,选择橡胶作为基体的情况有所减少。热固性基体中,由于环氧树脂具有良好的耐腐蚀性能、尺寸稳定性及高强度等特点,所以常被作为磁性复合材料的基体材料。

（3）加工助剂。

为了改善复合体系的流动性,提高磁粉的取向度和磁粉含量,在成型时通常加入一些如润滑剂、增塑剂与偶联剂等助剂。对于钕铁硼磁性材料,助剂在很多情况下是不可缺少的,特别是偶联剂。NdFeB 粉属亲水的极性物质,而基体如环氧树脂、酚醛树脂属疏水的非极性物质,它们之间缺乏亲和性,它们直接接触后磁粉与基体界面结合不好,力学性能差。为增强它们之间的亲和性,可以使用偶联剂处理 NdFeB 粉的表面,使其由亲水转变为疏水,有助于无机物 NdFeB 与有机黏结剂之间的界面结合。同时偶联剂对提高磁功能体的抗氧化能力还可起到一定的作用。

### 6.1.3 有机高分子材料结构特性

有机高分子材料的力学性能与有机高分子链段的组成结构和分子链的聚集态结构有直接的关系。

有机高分子链段的结构是指单个分子链的组成和形态,也就是结构单元的自身特性,结构单元在链中的数量、排列以及链的几何形状,在空间的排布。

#### 6.1.3.1 分子链的组成

构成有机高分子分子链的结构单元与聚合时使用的原料单体有直接关系,这能够影响以它作为重复单元的聚合物的性能特点。聚合物的命名往往以结构单元的名称为基础。例如,由乙烯单体合成的聚合物命名为聚乙烯,以苯乙烯合成的聚合物命名为聚苯乙烯。

分子链的组成直接影响着有机高分子材料的性能,例如,烯烃结构的聚乙烯、聚丙烯、聚苯乙烯、聚氯乙烯和聚四氟乙烯,主链单元的元素组成均为—$CH_2$—,所不同的是碳上的氢被甲基（—$CH_3$）侧基、苯环侧基、氯侧基、氟侧基取代。甲基（—$CH_3$）侧基能够有效增加大分子的刚性,主链上与甲基相连的碳上的氢的活泼性增强,抗氧化性变差;而聚苯乙烯由于苯环侧基体积庞大,对链有僵化效应,使聚苯乙烯刚硬呈脆性;被氯侧基取代后分子链段上带有极性;被四个氟侧基取代后,氟侧基的巨大体积,造成很大的空间阻碍,能够更好地保护—C—C—不受外部攻击,这就使得聚四氟乙烯具有较强的耐腐蚀性。

### 6.1.3.2 分子链的形态

由于侧链上有取代基,使得结构单元较容易产生非对称性,如聚丙烯、聚苯乙烯、聚氯乙烯。非对称结构在链的排序中会出现异构情况。立体异构现象会在很大程度上影响分子链的排列。等规立构和间规立构都属于规整结构,具有规整结构的聚合物有结晶倾向,而无规立构的聚合物不会形成晶体结构,通常是无定形的。

### 6.1.3.3 分子链的聚集态结构

有机高分子材料不同分子链间的聚集状态,称为聚集态结构,是聚合物的重要结构参数。分子链自身的性能和分子链间的相互作用直接决定了材料的力学性能。

固态聚合物的聚集态包括结晶态、无定形态(即非结晶态)和取向态。结晶态是指线性和支链型的大分子,如果结构简单、对称和规整有序,则在外部合适的条件下,可以在三维方向上规整排列得到晶体结构。自身包含结晶结构,或是可以产生结晶结构的聚合物就是结晶性聚合物。与其不同的是,在一个大范围内或局部区域内,分子链排列呈无序状态,则定义为无定形态。

聚合物的结晶通常是晶区与非结晶共存的状态,结晶聚合物也是大部分结晶,少部分不结晶的状态。

结晶态和无定形态是两种不同的聚集状态,因此导致在加工、配方设计上和制品性能上的较大差异。一般来讲,结晶形聚合物的改性主要是从改变聚合物的结晶能力,即结晶度的变化、晶型变化来实现的;而无定形聚合物的改性是通过改变分子链间作用力来实现的,或改变链段的空间阻碍来实现的。二者是完全不相同的。

取向态为有机高分子材料所特有,因为分子链处于较高温度的条件下会发生自由卷曲的现象,当向它施加某一外力时,分子链就可以伸展开,伸展的链沿力的方向有序排列,在冷却过程中冻结下来,就形成了取向态。

取向态和结晶态具有一个相同的特征,即有机高分子都是有序排列,不同之处在于,结晶态为三维有序,该状态是在一定的外界环境下自发得到的;而取向态为一维或二维有序。如果作用力来自于一个方向,则分子链单向取向;如果来自于同一平面互相垂直的两个方向,则分子链呈双向取向。取向是聚合物分子链在外力作用下的被动过程。

### 6.1.4 有机高分子材料的应用

有机高分子材料已经成为不可或缺的重要材料进入人们生活和生产的各个领域,如机械、化工、纺织、建材、基础设施、电子电气、包装材料、医药卫生、文体用品、交通运输、农业水利、环保产品等,以及军工国防、航空航天等高新技术领域,发挥着越来越重要的作用。

有机高分子材料工业虽然仅有 100 多年的历史,但它的迅速发展是有机高分子材料自身的优越性能和市场需要的结果。有机高分子材料的应用推动了工程应用相关领域的技术进步和经济发展;另一方面,工程应用中的需要给有机高分子材料不断提出新的课题,促使有机高分子材料工业不断地技术创新,更好地适应和满足工程应用中的需要。

### 6.1.5 有机高分子材料的环境安全性问题

近年来,随着有机高分子材料被应用到生产生活中的各个方面,产量用量巨大,使用后随意丢弃现象严重,而大多数有机高分子材料在自然环境条件下降解缓慢,造成了环境污染问题。但我们应该注意到,污染不是有机高分子材料自身的问题,更大的问题在于人们环保意识不足,在使用有机高分子材料以后随意丢弃、垃圾分类回收意识不够造成的,也是产品回收无害化政策法规不够造成的。我们不能把责任推到有机高分子材料身上。有机高分子材料本身是无害的,在使用过程中无害,在回收再利用的过程中也是无害,最终没有使用价值的回收塑料通过焚烧发电可以实现全过程无害化。因此,有机高分子材料作为现代制造业重要的基础材料仍将会继续发展。而我们需要不断完善有机高分子材料的使用、回收和无害化处理的法规措施,使我们在享受现代工业材料带来的利益的同时,消除其产生危害的可能。

# 6.2　有机高分子材料的制备与表征

### 6.2.1 有机高分子材料的制备

高分子材料的合成或聚合方法是实现聚合反应的重要方法,有机高分子材料的制备方法主要有本体聚合、悬浮聚合、乳液聚合和溶液聚合。

依据聚合物在单体和聚合溶剂中溶解度的大小,可以将本体聚合和溶液聚合划分为均相和非均相两类。若生成的聚合物可以溶解于单体和使用的溶剂,则称为均相聚合,如苯乙烯的本体聚合和在苯中的溶液聚合。若生成的聚合物不溶于单体和使用的溶剂,则称为非均相聚合,也称为沉淀聚合。如聚氯乙烯不溶于氯乙烯,在聚合过程中从单体中沉析出来,形成两相。

不论单体处于气态还是固态,均可以发生聚合,分别为气相聚合和固相聚合,而且都属于本体聚合。

各种聚合实施方法的相互关系列于表6-1。

表 6-1 聚合体系和实施方法示例

| 单体 - 介质体系 | 聚合方法 | 聚合物 - 单体（或溶剂）体系 | |
|---|---|---|---|
| | | 均相聚合 | 沉淀聚合 |
| 均相体系 | 本体聚合<br>气态<br>液态<br>固态 | —<br>—<br>苯乙烯,丙烯酸酯类<br>— | 乙烯高压聚合<br>氯乙烯,丙烯腈<br>丙烯酰胺 |
| | 溶液聚合 | 苯乙烯 - 苯<br>丙烯酸 - 水<br>丙烯腈二甲基甲酰胺 | 苯乙烯 - 甲醇<br>丙烯酸 - 己烷 |
| 非均相体系 | 悬浮聚合 | 苯乙烯<br>甲基丙烯酸甲酯 | 氯乙烯<br>四氟乙烯 |
| | 乳液聚合 | 苯乙烯,丁二烯 | 氯乙烯 |

采用离子型聚合、配位离子聚合时,水会影响催化剂的活性,因此,通常采用的是溶液聚合和本体聚合;缩聚反应一般选用熔融缩聚、溶液缩聚和界面缩聚三种方法。

### 6.2.1.1 本体聚合法

本体聚合法(bulk polymerization)属于包埋法。具体的制备步骤为,把模板分子、功能单体、交联剂和引发剂都溶解在溶剂中,利用热引发或者光引发自由基聚合反应,反应结束后,对模板分子进行洗脱,从而制得块状聚合物,再加以粉碎、研磨、过筛,最终制得所需粒径的分子印迹聚合物。虽然因为模板分子被包裹在了聚合物内部,使得模板洗脱得不够彻底,传质速率也比较慢,聚合物的形貌不够规整,但是这种方法操作简便,能制备大量聚合物。后续处理步骤较为复杂,而且在进行研磨时会出现损失、破坏材料的情况,使得最终的产率较低、产物的形状不规则、吸附效果不好等。[3]

### 6.2.1.2 悬浮聚合法

悬浮聚合法的原理是向其中加入分散剂并进行搅拌,使液态单体在悬浮介质中分散开,然后加入油溶性引发剂,进而实现聚合反应。过程中使用的单体应为液态单体或者是在高压下为液态且不溶于悬浮介质的单体,通常选择水作为悬浮介质。使用此法制得的产物多为两种状态,一种为透明的小圆珠,在单体能够溶解于聚合物时得到的产物呈珠状,如苯乙烯、甲基丙烯酸甲酯得到的聚合产物;一种为不规则形状的固态粉末,在单体不能溶解于聚合物时得到的产物呈粉末状,如氯乙烯的聚合物。

在采用此方法的过程中,所选择的分散剂的性能和机械搅拌的程度会直接影响到悬浮聚合反应的进行以及产物的性能(疏松程度、粒径分布)。

### 6.2.1.3 乳液聚合法

将两种带不同活性基团的单体分别溶于两种互不相溶的溶剂中,当一种溶液分散到另一种溶液中时,在两种溶液的界面上会形成一种聚合物膜,这就称为界面聚合。常用的活性单体有多元醇、多元胺、多元酰氯等。多用于生产聚酰胺、聚酯、聚脲或聚氨酯。如果要包裹亲油性药物,可将药物与油溶性单体溶于有机溶剂,将形成的溶液在水中分散为细小的液滴后不断搅拌,并在水相中加入含有水溶性单体的溶液,于是在液滴表面形成一层聚合物膜,经沉淀、过滤、干燥后形成聚合物微胶囊。界面聚合所得的微胶囊的壁很薄,药物渗透性好。颗粒直径可经过搅拌强度来调节,搅拌速度越高,颗粒直径越小而且分布窄,加入适量的表面活性剂也有同样效果。

### 6.2.1.4 溶液聚合法

单体溶解在溶剂中发生的集合称为溶液聚合。若制得的集合物能够与溶剂互溶,发生的就是均相溶液聚合,若二者不互溶,发生的就是非均相溶液聚合。此方法最显著的优点是,溶剂有利于释放反应热,进而有效地避免了出现局部过热的情况,更利于控制反应速率。溶液聚合法的应用较为普遍,特别是在离子聚合和配位聚合中,都是将催化剂溶于一定的溶剂中,因而多使用溶液聚合法。此方法的缺点是,过程中有溶剂分离、回收工序,降低了聚合反应的安全性,增加了生产成本。

## 6.2.2 有机高分子材料的表征

有机高分子材料研究方法是指应用近代实验技术，多采用各类仪器分析方法，分析高分子材料的组成、微观结构及其与宏观性能间的内在联系，以及高聚物的合成反应及在加工过程中结构的变化等。

### 6.2.2.1 有机高分子材料结构的测试方法

分子结构的测试方法：广角 X 射线衍射法（WAXD）、电子衍射法（ED）、中心散射法、裂解色谱 - 质谱、红外吸收光谱（FT-IR）、紫外吸收光谱（UV）、拉曼光谱、微波分光法、核磁共振法、顺磁共振法、荧光光谱法、旋光分光法、电子能谱等。

聚集态结构的测定方法：小角 X- 散射（SAXS）、电子衍射法、电子显微镜（SEM、TEM）、偏光显微镜（POM）、原子力显微镜（AFM）、固体小角激光光散射（SSALS）等。

结晶度的测定方法：X 射线衍射法（XRD）、电子衍射法、核磁共振吸收（NMR）、红外吸收光谱（IR）、密度法、热分解法等。

聚合物取向度的测定方法：双折射法、X 射线衍射、圆二向色性法、红外二向色性法等。

聚合物分子链整体结构形态的测定，分子量测定用：溶液光散射、凝胶渗透色谱、扩散法、黏度法、超速离心法、渗透压法、气相渗透压法、端基滴定法等；支化度测定用：化学反应法、红外光谱法、黏度法等；交联度测定用：溶胀法、力学测量法；分子量分布测定用：凝胶渗透色谱、熔体流变行为、超速离心法、分级沉淀法等。

### 6.2.2.2 有机高分子材料分子运动的测定

研究有机高分子材料多重转变与运动的方法，主要有四种：体积的变化、热力学性质及力学性质的变化和电磁效应。体积变化的测定方法包括膨胀计法、折射系数测定法等；热学性质的测定方法包括差热分析方法（DTA）和差示扫描量热法（DSC）等；力学性质变化的测定方法包括热机械法、应力松弛法等；电磁效应的测定方法包括测定介电松弛、核磁共振等。

### 6.2.2.3 有机高分子材料性能的测定

测定有机高分子材料力学性能主要是测定材料的强度和模量以及变形。方法主要包括拉伸、压缩、剪切、弯曲、冲击、蠕变、应力松弛等。静态力学性能试验机包括静态万能材料试验机、专用应力松弛仪、蠕变仪、摆锤冲击机、落球冲击机等，动态力学试验机包括动态万能材料试验机、动态黏弹谱仪、高低频疲劳试验机。

测定材料本体的黏流行为主要是测定黏度和切变速率的关系、剪应力与切变速率的关系等，可利用旋转黏度计、熔融指数测定仪、高压电击穿试验机等。

材料的电学性能包括电阻、介电常数、介电损耗角正切、击穿电压，可利用电阻计、高压电击穿试验机等。

材料的热性能包括导热系数、比热容、热膨胀系数、耐热性、耐燃性、分解温度等。可利用差示扫描量热仪、量热计、马丁耐热仪和维卡耐热仪、热失重仪、硅碳耐燃烧试验机等。

材料的老化性能，人工加速老化测试包括热老化性能试验、温湿老化试验、臭氧老化试验、氙弧灯老化试验、紫外灯老化试验、碳弧灯老化试验等。[4]

# 6.3 纳米磁性有机高分子复合材料的性能

纳米磁性有机高分子复合材料的种类较多，本节以壳聚糖磁性复合材料为例阐述其具体性能。

### 6.3.1 壳聚糖的性能

#### 6.3.1.1 壳聚糖的结构与特性

甲壳素又名甲壳质、几丁质。存在于虾、蟹等的外壳、昆虫的甲壳、软体动物的壳和骨骼中,是一种来源于动物的大量存在的天然碱性多糖。将甲壳素在碱性条件下脱去乙酰基,就得到壳聚糖(chitosan,CS),又名甲壳糖。

壳聚糖的化学结构(图 6-4)与纤维素相似,又具有纤维素所没有的特性。壳聚糖在盐酸和乙酸中的溶解度和它的离子化程度与所在酸溶液的 pH 和 $pK_a$ 有直接关系。壳聚糖溶解在稀酸后,它的主链也会慢慢发生水解,使溶液的黏度下降,因而其酸溶液需要随用随配。

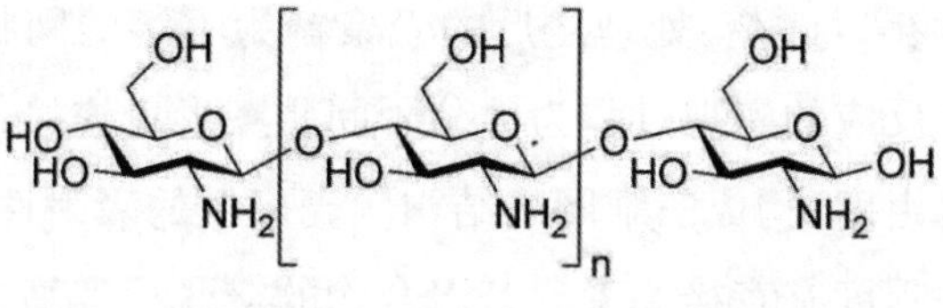

**图 6-4　壳聚糖结构式**

壳聚糖资源丰富,安全无毒,它的氨基极易形成四级胺正离子,有弱碱性阴离子交换作用。根据 Bailey 等对廉价吸附剂的定义,只需简单加工、来源广泛,或是工业副产物或废料,则可称为廉价吸附剂。制备壳聚糖的原料多为水产品加工废料,故属于廉价吸附剂。[5]

壳聚糖具有生物相容性、生物活性和生物降解性,且具有抗菌、消炎、止血、免疫等作用。壳聚糖在医疗上用作创伤被覆材料,用于烧伤、植皮部位的创面。以壳聚糖制成的棍棒形,可用作皮下和骨内埋植,有助于骨折后的愈合。还可制作吸收手术缝合线。

壳聚糖是天然多糖,并且是其中仅有的碱性多糖,有许多独特的物理化学性能,这里仅介绍壳聚糖的抗菌性。壳聚糖可以有效抑制多种细菌的生长和活性,体现出了它的广谱抗菌性,其抗菌效果与壳聚糖的种类、相对分子质量、浓度和细菌培养环境等都有密切的关系。具体的抗菌机理为,在酸性环境中,壳聚糖中的质子化氨基通过经典吸引力与带负电荷的细菌发生反应,令细菌出现絮凝和聚沉现象,进而降低了细菌生长繁殖的速度;与此同时,还造成细菌细胞壁和细胞膜带的负电荷分布不均,阻碍了细胞壁的形成,进而破坏了细胞壁的合成和溶解平衡,使细胞向溶解发展,细胞膜因不能承受渗透压而变形破裂。

### 6.3.1.2 壳聚糖改性研究进展

利用壳聚糖进行吸附时有一些不足之处,因此在实践过程中需要通过一些改性方法进行完善。

壳聚糖是一种线性高分子,通过氨基质子化作用可以在酸性介质中溶于水,造成吸附剂流失,增加水的化学需氧量(COD),这就限制了它的应用范围,也影响了后续的回收利用。对于这种情况多依靠对壳聚糖进行交联改性得以改变,处理之后的壳聚糖为不溶的网状聚合物,外观呈球形。交联反应的实现过程为大分子间相互形成连接,从而明显减弱壳聚糖链的自由度,构成三维网络结构。壳聚糖的吸附性与壳聚糖链的亲水性和交联程度有直接关系。若聚合物的交联程度高,则壳聚糖不溶于水,微溶于强酸,从而显著扩大了吸附剂的使用方位。经过交联改性处理后的壳聚糖,不仅增强了其在酸性溶液中的稳定性,而且有助于其后续的化学改性,经过化学改性的交联壳聚糖可以提高对多元金属离子选择性吸附,还可以增强对金属离子的吸附能力。常见的化学改性方法是引入新的吸附官能团,或提高氨基和羟基的含量。[5]

(1)胺化。

在壳聚糖中加入胺化剂,能够向其中加入更多的活性氨基,从而增强壳聚糖的吸附能力。不过,壳聚糖分子并不能同胺化剂直接发生反应,通常采用的方法是改性活性好、吸附能力比氨基弱的 $C_6$—OH 进行架桥。多通过羧甲基化和 $C_6$—OH 的取代进行架桥。在其中加入环氧键、胺基等官能团,可以与胺化剂发生缩合反应。

(2)硫酸酰化。

目前,化学修饰中最为引人注目的领域是甲壳素、壳聚糖的硫

酸酰化。通常是进行硫酸酰化作用来引入吸附官能团,如—NHSO$_3$
和—COOH。多采用 SO$_2$/SO$_3$、氯磺酸 / 吡啶、浓硫酸和 SO$_3$/DMF（DMF
为二甲基甲酰胺）等作为硫酸酰化试剂。若反应引入了含多对孤对电
子的 S 原子,能够提高它的螯合配位能力,最终提升化学吸附能力。

（3）金属氧化物复合。

进行实验时,利用复合作用能够使其具有新的性能。例如,以光
聚糖 TiO$_2$ 为吸附剂,既能够吸附重金属,也能够降解有机污染物。壳
聚糖 -TiO$_2$ 能够很好地吸附 Ag$^+$,当初始浓度达到 1000 mg/L 时,吸
附容量能够达到 100.3 mg/g,并且能够提升对甲基橙的降解率。壳聚
糖 -Fe$_3$O$_4$ 有很强的吸附能力和磁响应性,能够吸附金属离子,除此之
外,还具有可回收性和易再生性,在污水处理领域得到了广泛的应用。

（4）杂环化合物反应。

壳聚糖氨基和羧基在溢和条件下可以进行席夫碱反应,并且不会改
变多糖的主要性能。壳聚糖与 2- 硫代四氢咪唑啉酮合成产物对 Cd$^{2+}$,
CrO$_4^{2-}$, Fe$^{3+}$, Cu$^{2+}$, Pb$^{2+}$ 等重金属离子的吸附作用明显,本身有很好的
抑菌功能。采用 2- 苯并咪唑对壳聚糖进行化学修饰,能够使其对重金
属离子的吸附性能更加显著,且适用的温度范围较广;还能提高抑菌能
力,能够大幅度地降低最小抑菌浓度;除此之外能够增强聚合物对金属
腐蚀的抑制能力。芳香醛类与壳聚糖反应产物在 pH 为 5.5 时,对水中
Cu$^{2+}$ 和 Pb$^{2+}$ 的吸附容量分别为 476.7 mg/g 和 382.94 mg/g,能够用于
净化水质。

（5）接枝反应。

接枝反应是通过在壳聚糖中引入若干对金属离子有螯合配位或电
中和作用的官能团,进而达到提高壳聚糖性能的目的。接枝反应主要分
为离子引发接枝和自由基引发接枝。其中,最常用的方法是自由基引发
接枝,包括氧化还原法、偶氮二异丁腈法、辐射法和紫外线法。

（6）其他吸附剂复合。

吸附剂主要分为物理性吸附剂和化学性吸附剂。考虑到不同的吸
附剂各有优缺点,能够采用物理或化学方法进行改性来复合不同的吸附

剂,达到提升吸附性能的目的。物理改性是通过控制酸碱性、温度和晶型等来实现吸附剂的复合,如可以与粉煤灰、活性炭、硅胶和沸石等进行表面物理改性;化学改性是可以通过官能团的化学反应与纤维素、竹炭和淀粉等发生反应,引入新的吸附官能团。

通过对壳聚糖改性研究进展的分析,可以发现磁性壳聚糖不仅具有再生可回收利用的性能,而且操作简便。以磁性壳聚糖为基体,通过其他改性方法可以进一步提高其吸附能力。

### 6.3.2 磁性壳聚糖的性能

壳聚糖分子中氨基与羟基的活性较高,对部分物质有较强的吸附能力,但是,由于它本身存在一些不足,对它的实际应用有一定的限制。在进行分离时,壳聚糖会溶于酸性溶剂($pH<5.5$)中,这会降低它的吸附性能;过去使用的壳聚糖粉末需要借助高速离心和过滤进行分离,不便于回收;其机械强度较小也会限制它的应用。有学者通过将壳聚糖包裹纳米磁性粒子制备成磁性壳聚糖微球,结果表明这种磁性微球稳定性好、吸附性能强,有效地提高了壳聚糖的应用价值。姜炜[6]采用乳化交联法制备磁性 CS 微球,在 $Fe_3O_4$ 存在的情况下,通过交联剂上的醛基与 CS 上的氨基发生醛胺反应生成了席夫碱,从而发生交联反应,制备出 $Fe_3O_4$ 壳聚糖复合微球,其机理如下。

壳聚糖上的氨基可以与醛、酮发生席夫碱反应,生成相应的醛亚胺和酮亚胺多糖。其反应式如式(6-1)所示

$$NH_2 + HC=O \longrightarrow HN=C + H_2O \tag{6-1}$$

与 C=C 双键相似的是,C=O 双键也可以进行加成反应。C=C 双键发生离子加成主要是因为亲电试剂向其进攻而引发的亲电加成。对于 C=O 双键来说,其具有较大的偶极矩,有很大的颠覆性,因而,C=O 双键发生离子加成既可以是亲电试剂进攻氧原子,也可以是亲核试剂进攻碳原子。质子化明显地提高了羰基碳原子的电正性,进而有效地推动了亲核试剂的进攻性能。让羰基发生活化的方式除了依靠质子化外,还能

够借助羰基氧原子与酸构成氢键实现。其反应式如式(6-2)所示

$$\underset{B}{\overset{A}{\diagdown}}\overset{\delta^+}{C}=\overset{\delta^-}{O}\text{:---}\,H-\overset{\delta^-}{Nu} \tag{6-2}$$

在并未实现上述活化的条件下,弱的亲核试剂(如 $H_2O$)与羰基发生反应的速率较慢,对于较强的亲核试剂(如 $CN^-$)不进行活化,便能够与羰基发生反应。反应过程的第一步为亲核试剂进攻羰基碳原子,其反应过程如式(6-3)所示

$$\text{A}-\underset{\underset{O}{\parallel}}{\text{C}}-\text{B} + \text{Nu}^- \longrightarrow \text{A}-\underset{\underset{O^-}{\mid}}{\overset{\overset{Nu}{\mid}}{\text{C}}}-\text{B} \quad 慢$$

$$\text{A}-\underset{\underset{O^-}{\mid}}{\overset{\overset{Nu}{\mid}}{\text{C}}}-\text{B} + \text{H}^+ \longrightarrow \text{A}-\underset{\underset{OH}{\mid}}{\overset{\overset{Nu}{\mid}}{\text{C}}}-\text{B} \tag{6-3}$$

按照上述过程发生的反应多为碱催化反应。其中,碱发挥的作用为将较弱的亲核试剂转化为较强的亲核试剂。例如式(6-4)所示

$$\text{HCN} + \text{OH}^- \rightarrow \text{CN}^- + \text{H}_2\text{O} \tag{6-4}$$

总体来说,不管是酸催化反应还是碱催化反应,直接控制反应速率的步骤为亲核试剂进攻羰基碳原子,因而上述反应均为亲核加成。酸能够使羰基碳原子得到活化,使它便于亲核试剂进攻。酸可以降低亲核试剂的有效浓度,这就使羰基化合物进行简单加成时有最适宜的 pH。

磁性壳聚糖微球的结构如图 6-5 所示。第一种是核 - 壳结构,核为磁性材料,壳为高分子材料;第二种是混合结构,磁性微球内分散着磁性材料;第三种是多层夹心结构,其内层和外层均是高分子材料,两层中间是磁性材料。磁性壳聚糖微球在磁场的作用下能够产生移动、分离和定位。[7]壳层壳聚糖能够与其他材料相结合,如药物、抗原、抗体、酶和金属离子等。因此,磁性壳聚糖微球可应用于靶向药物、酶的固定化、细胞快速分离、疾病诊断和废水处理等方面。

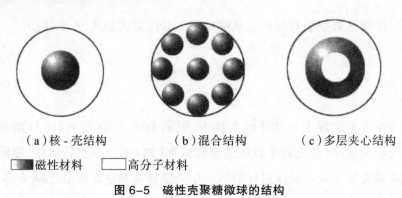

（a）核-壳结构　　　（b）混合结构　　　（c）多层夹心结构

▨磁性材料　　□高分子材料

图6-5　磁性壳聚糖微球的结构

# 6.4　纳米磁性有机高分子复合材料的制备及表征

## 6.4.1 纳米磁性天然高聚物复合材料的制备及表征

### 6.4.1.1 纳米磁性壳聚糖复合材料

壳聚糖（Chitosan）是甲壳素脱乙酰基的产物，其分子中包含游离的氨基和羧基，因此能够较好地吸附金属离子。纳米磁性壳聚糖因其具有磁分离、引导、标记和固定等功能，因而在功能材料、细胞生物学、分子生物学及医学、分离工程等方面显示出强大的生命力。

纳米磁性壳聚糖的制备方法主要有包埋法、交联法和离子凝聚反应等。

包埋法是最早的一种制备磁性高分子复合微球的方法，主要过程为，把磁性微粒分散在天然或人工合成的高分子溶液中，再进行雾化沉积、蒸发等过程制得磁性高分子复合微球。此方法操作简便，但也存在许多不足，制得的产物粒径分布广，形状不一，粒径较难控制，壳层中会混入乳化剂等杂质，导致其不适用于免疫测定、细胞分离等领域。

丁明等人[8]采用反相悬浮液交联法，将$Fe_3O_4$作为磁性内核，液体石蜡为有机分散介质，甲醛、戊二醛为交联剂，制备出了单分散、窄分布的强磁性$Fe_3O_4$/壳聚糖微球。利用反相悬浮交联法合成的磁性壳聚糖微球粒径分布均匀,具有良好的磁响应性,具有较高的弱碱交换量,是一种强顺磁性材料,在外加磁场的作用下可从溶液中快速分离出来。

南京理工大学国家特种超细粉体工程技术研究中心的研究人员采用滴定水解法,用氨水水解六水合氯化铁与四水合氯化亚铁的混合溶液制得纳米 $Fe_3O_4$;然后采用离子凝聚反应法,在分散有纳米 $Fe_3O_4$ 的光聚糖溶液中,加入一定的三聚磷酸钠溶液制得包覆有纳米 $Fe_3O_4$ 的壳聚糖复合微球。

### 6.4.1.2 纳米磁性蛋白质复合材料

利用乳化复合技术能够将蛋白质等天然高分子包裹在纳米级 $Fe_3O_4$ 磁核表面,制得有多种优良性能的 $Fe_3O_4/$ 蛋白质复合微粒。该微球具有这两种物质的优良性能:一是磁性,更便于进行分离和磁性导向;二是很好的生物相容性;三是其表面含有大量官能团;四是分散性好。申德君等人[9]采用反相微乳液化学剪裁制备明胶——$\gamma$-$Fe_2O_3$ 纳米复合微粒,通过 XRD、TEM、EDS、SEM 和 IR 测试表明,微粒为明胶蛋白包裹球形纳米微粒,微球的粒径为 1.2 ~ 3.2 μm,平均粒径约 2.6 μm,而微粒的粒径为 15 nm,每个复合微球中约有 80 ~ 213 个氧化铁粒子,该复合微粒的比饱和磁化强度为 $\frac{30.34}{4\pi} \times 10^3$ A/m,矫顽力为 6.207 A/m,剩磁为 $\frac{2.94}{4\pi} \times 10^3$ A/m,具有硬磁性的性质。邱广亮等人[10]研究了明胶蛋白改性新途径,制备了内含 $Fe_3O_4$ 晶粒外壳为明胶的纳米级明胶复合微球。微球为规则球形,内部为多相构造,粒径分布均一,具有良好的分散稳定性和磁响应性。其在酶的固定化、靶向药物等领域有广泛的应用前景。如通过物理吸附法可以固定化纤维素酶,磁性固定化纤维素酶本身有磁性,能够通过外部磁场实现分离回收,得以被反复使用,这就显著提升了纤维素酶的利用率,压缩了酒精生产成本,并可实现生产的连续化、自动化,为纤维质原料生产酒精的工业化提供了技术基础。[11]

### 6.4.2 纳米磁性人工合成高聚物复合材料的制备及表征

#### 6.4.2.1 纳米磁性树脂复合材料

纳米磁性树脂的制备方法有包埋和化学转化。

天然高分子基质的磁性树脂,多采用直接包埋磁性微粒的方法将磁性物质引入树脂基质中。J. Stamberg[12] 采用反相悬浮包埋技术,成功地在纤维素再生的同时,将 $\gamma$-Fe$_2$O$_3$(直径小于 300 mm)包埋于纤维素基质中,制得磁性珠状纤维素。

化学转化法多是把磁性金属阳离子渗透和交换到大孔树脂中,再通过化学反应将金属离子转化成磁性金属氧化物,从而均匀分散在聚合物的孔结构中,这种渗透和转化能够反复实现;另外,还可以将树脂硝化,然后在酸存在的条件下,用硝酸将金属氧化成金属氧化物,此种方法仅适用于树脂表面。

#### 6.4.2.2 纳米磁性高分子复合微球

纳米磁性高分子复合微球指的是采用一定的方法把有机高分子与无机磁性物质结合在一起得到的有一定磁性及特殊结构的微球。纳米磁性高分子复合微球主要有两类结构:一类为核-壳结构,另一类为三明治结构。不同结构的磁性高分子复合微球其采用的制备方法也不同。

1)核-壳式纳米磁性高分子复合微球

核-壳式纳米磁性高分子复合微球分为核为聚合物的磁性高分子复合微球及核为无机磁性材料的磁性高分子复合微球。

(1)核为聚合物的磁性高分子复合微球。

核为聚合物的磁性高分子复合微球又可分为核为单一型聚合物的磁性高分子复合微球和核为复合型聚合物的磁性高分子复合微球。

①核为单一型聚合物的磁性高分子复合微球。

此种结构的磁性高分子复合微球的制备方法有以下几种:

悬浮聚合法。首先把单体、引发剂、无机物、水等依靠均化器分散开,并采用超声波技术在一定的条件下发生聚合反应,制得纳米级颗粒。日本的 Tokuoka 等人[13]采用悬浮聚合的方法制备出以聚苯乙烯为核，$Fe_3O_4$ 或 $RuO_2$ 为壳的磁性高分子复合微球，并采用焙烧、特性黏度法等方法对其结构和组成进行了表征，主要考虑颗粒大小分布与聚合条件的关系。

化学还原法。首先把贵重金属的盐类连接在带有功能基团的高分子微球的表面上，再把它还原为零价，接着将过渡族金属或稀土金属用 EPS 法接在磁性高分子复合微球的表面制得核为聚合物、壳为无机物的磁性高分子复合微球。

②核为复合型聚合物的磁性高分子复合微球。

这种磁性高分子复合微球多用种子非均相方法制得。Lee 等人[14]以分散的聚苯乙烯为种子，苯乙烯为单体，在 $Fe_3O_4$ 磁流体存在的条件下，制备出核为聚苯乙烯，壳为 $Fe_3O_4$ 的磁性高分子复合微球。以这种方法制得的磁性高分子复合微球具有一定的单分散性且稳定性较好。

（2）核为无机磁性材料的磁性高分子复合微球。

根据目前的研究，核为无机磁性材料的磁性高分子复合微球的制备方法主要为：

①用天然高分子直接包埋磁性材料制得具有磁核的高分子微球。将明胶溶入重蒸水中，然后与 $FeCl_2$ 及 $H_2O_2$ 溶液混合，并通过滴定、过滤，制备了核 - 壳式纳米级磁性明胶微粒。

②在磁流体存在的条件下，通过单体聚合形成磁性高分子复合微球。聚合方法有乳液聚合、分散聚合、改性的悬浮聚合等。

2）三明治磁性高分子复合微球

三明治磁性高分子复合微球由于其第二层结构的不同，可采用下列方法制备。

（1）乳液聚合法。

乳液聚合法是一种目前得到广泛应用的磁性高分子复合微球的制备方法，它还包括无皂乳液聚合、种子乳液聚合等方法。邱广明等人[15]采用悬浮聚合法，在磁流体的存在下进行苯乙烯、二乙烯基苯和丙烯酸的三元聚合，得到含 0.067% $Fe_3O_4$，平均粒径为 60 nm 左右的磁性聚苯乙烯微球。日本的 K. Funusaema 等人[16]以聚苯乙烯种子及 NiO・ZrO・Fe₂O₃ 粒子为基础，合成了以乳胶为壳的杂聚体，然后以此杂聚体为种子，油酸钠为分散剂，与苯乙烯单体聚合形成大小均一、颗粒分布窄的磁性高分子复合微球。并用 TEM 和 SEM 分别对原料杂聚物磁性微球进行表征，用显微电泳仪、动态光散射和热重分析等讨论了得到杂聚体和三明治磁性高分子复合微球的条件。陈平等人[17]采用该方法制备了包覆有 Fe₃O₄ 颗粒的 St/AA/BA 的纳米磁性高分子复合微球。并使用 DSC 毛细流变仪进一步研究，发现复合微球的非牛顿指数都低于 1，且随着含量增加，非牛顿性增加，表观黏度下降，黏度活化能降低。

（2）活性聚合法。

活性聚合法的制备过程为，先制造出种子，在引入长链脂肪醇或长链烷烃等的条件下，用单体对晶种溶胀，然后在通氨、加热、加引发剂并多向搅拌的条件下，进行长时间的活性聚合，再对制得的微球上的化学基团进行还原或衍生化，并用水进行溶胀，用铁盐率液进行浸润并抽真空、碱化，最后包覆，制得强磁性，窄分布的磁性高分子复合微球。例如 Dymal 公司磁性微球，他们以 GMA、St、GDMA、MMA 等制造出磁含量为 4.9%~19.8% 的磁性高分子复合微球。

# 参考文献

[1] 柴春鹏,李国平 . 高分子合成材料学 [M]. 北京：北京理工大学出版社,2019.

[2] 张佐光 . 功能复合材料 [M]. 北京：化学工业出版社,2004.

[3] 杨亚玲,李小兰,杨德志,等 . 磁性纳米材料及磁固相萃取技术 [M]. 北京：化学工业出版社,2020.

[4] 蔡再生 . 纤维化学与物理 [M]. 北京：中国纺织出版社,2009.

[5] 陈立钢 . 磁性纳米复合材料的制备与应用 [M]. 北京：科学出版社,2016.

[6] 姜炜 . 纳米磁性粒子和磁性复合粒子的制备及其应用研究 [D]. 南京：南京理工大学,2005.

[7] 潘媛媛,李巧玲,李凯旋,等 . 磁性壳聚糖的改性研究及其在废水处理中的应用进展 [J]. 化工技术与开发,2013,42（9）：43-48.

[8] 丁明,等 .$Fe_3O_4$/ 壳聚糖核壳磁性微球的制备及特性 [J]. 磁性材料及器件,2001,32（6）：1.

[9] 申德君,张朝平,等 . 反相微乳液化学剪裁制备明胶 /$\gamma$-$Fe_2O_3$ 纳米复合微粒 [J]. 应用化学,2002,19（2）：121-125.

[10] 邱广亮,邱广明 . 磁性明胶复合微球的制备和性质 [J]. 食品科学,1998,19（11）：7-11

[11] 李凤生,杨毅 . 纳米功能复合材料及应用 [M]. 北京：国防工业出版社,2003.

[12]Stamberg J, Peska J, Dautzenberg H, et al.Bead cellulose Analytical Chemistry Symposia Series[J].Amsterdam：Elsevier,1982：131.

[13]Tokuoka K, Sena M, Kuno H.Preparation of inorgenic/polymeric compoeite micrnepheres by direct suspension polymerization[J].J Mater Sei,1986,21：493.

[14]Lee J, Senna M.Preparation of monodispersed polystyrene microspheres uniform coated by magnetite via heterogeneous polymerization[J].Colloid Polym,1995,273：76.

[15] 邱广明等 . 磁性聚苯乙烯微球的合成和特性 [J]. 高分子材料科学与工程,1993,2（2）：38-43.

[16]Funusawa K, Nagashima K, Anzai C.Synthetic process to control the total size and cormponent distibution of multiplayer magnetic compoeite particles[J].Collaid Polym Sci,1994,272：1104.

[17] 陈平等. 包覆 $Fe_3O_4$ 超微粒的苯乙烯 / 丙烯酸 / 丙烯酸丁酯核 - 壳型复合共聚物的性能研究 [J]. 高等化学学报, 1998, 19（1）: 148.

# 第 7 章

## 纳米磁性材料在环境治理方面的应用

随着材料科学的迅猛发展,基于环境纳米材料的新型环境治理技术与工艺应运而生。纳米材料独特的尺寸范围,使其具有量子尺寸效应、表面效应和宏观量子隧道效应,进而赋予其传统材料不具备的诸多物理化学性能,如高化学活性、强吸附性、特殊催化性、特殊光学性能、特殊电磁性能等。纳米材料良好的功能特性使其能够在环境治理领域发挥良好的污染物去除能力。

纳米磁性材料是纳米材料中的一个重要分支,在保持纳米材料良好的环境治理效能的基础上,进一步赋予其高效的磁分离性能,使得粒径小、质量轻的纳米材料能够快速地进行分离,避免其对环境造成二次危害,同时也减少了材料的浪费,使其在环境治理领域具有很好的应用前景。

## 7.1 纳米磁性复合材料的杀菌性能

Ag 单质除了有一定的催化功能,还具有杀菌功能。其他杀菌剂的杀菌机理是对细菌进行灭活,而 Ag 的杀菌机理是使细菌细胞膜破裂,进而彻底杀死细菌,完全除去了细菌的风险。

目前,对饮用水进行消毒,是在其中加入了氯气、二氧化氯及氯胺等有氧化性质的消毒剂,虽然使用这些消毒剂可以杀死水中的细菌,但与此同时,消毒剂也会同水中的微量有机物进行化学反应,会生成有"三致"性质的副产物,造成新的污染。如果采用 Ag 对饮用水进行消毒,Ag 只与细菌发生作用,并不会同水中的有机物反应,这就避免了二次污染。因此,Ag 在饮用水消毒处理中有广阔的应用前景。

赵志伟等[1]开展了 Fe₃O₄-Ag 的杀菌效能研究,并通过 Fe₃O₄-Ag 和大肠杆菌菌液接触时间与大肠杆菌菌落数之间的关系来评估其杀菌性能。

当菌液中不加入 Fe₃O₄-Ag 时,固体培养基中密布大肠杆菌菌落。而 Fe₃O₄-Ag 和菌液的接触时间到 10 min 时,培养基上的菌落数明显减少,而且随着接触时间的延长,菌落数会逐渐减少。

在此基础上,进一步开展了以 Fe₃O₄ 或者 Fe₃O₄-Ag 作为抑菌剂的抑菌环实验。

当以 Fe₃O₄ 作为抑菌剂时,其并不会抑制细菌,Fe₃O₄ 的周边分布着许多大肠杆菌菌落。而以 Fe₃O₄-Ag 作为抑菌剂时,在 Fe₃O₄-Ag 的周边有一个明显的无菌区域,这说明 Fe₃O₄-Ag 对细菌有明显的抑制效果。

实验表明,Fe₃O₄-Ag 可以有效地杀死水中的细菌,同时,Fe₃O₄-Ag 还可以通过外加磁场快速、方便地实现固液分离,彻底消除后续的环境风险,是一种优良的水处理杀菌剂和消毒剂。

# 7.2　纳米磁性复合材料对有机污染物的吸附

有机染料应用于纺织、印刷、印染、造纸等工业,是水体主要有机污染物之一,即使其在水中的浓度非常低,也会令地下水发生严重的变色情况,增加了水体的 COD 和 BOD 水平,造成的环境污染非常明显。有机染料具有稳定、复杂的化学结构,在自然条件下不易分解,而且大多数有机染料是有毒的、不容易光降解或生物降解,对水生生物造成微毒性,甚至会诱变致畸,这对人类健康也造成了严重的威胁。染料必须有效地从排放的废水中去除,以解决生态、生物和工业问题。

处理染料废水有很多处理方法,包括化学沉淀、离子交换、膜过滤、物理吸附、光降解、混凝、化学氧化/还原和生物反应等方法。吸附技术因具有易于处理、效率高、经济可行性优点被认为是一种具有竞争力的、最有效的染料废水处理方法。

金属有机骨架材料是一类无机-有机杂化多孔材料,具有良好的化学稳定性、溶剂稳定性、高比表面积、可调的孔隙大小和可获得的配位不饱和性,广泛应用于染料吸附、气体吸附、气体储存和分离、药物输送、传感或催化等领域。

金属有机骨架材料作为吸附剂对有机染料的吸附受到染料的电荷、MOFs 的离子性能、溶液 pH 值、竞争离子等因素的影响。Embaby 等 [2] 考察了 UiO-66 对茜素红、曙红、碱性品红、甲基橙等阴离子染料和中性红、碱性品红、亚甲基蓝、碱性藏红等阳离子染料的吸附性能,研究发现 UiO-66 对阴离子染料具有明显的选择性,对茜素红的吸附容量可达 400 mg/g,吸附模型为准二级动力学模型。

Yang 等 [3] 采用后合成方法制备了磷酸钠离子负载 UiO-66 对亚甲基蓝的吸附能力,吸附量从负载前的 24.5 mg/g 提高到 91.1 mg/g,对刚果红、酸性铬蓝 K、甲基橙也同样展现较好的吸附性能,为 Langmuir 吸附模型,主要是 UiO-66 表面与阳离子染料之间产生排斥作用。吸附能力弱,而负载磷酸根阴离子后,表面引入了阴离子电荷,提高了与阳离子染料之间的静电引力。

Zeng 等 [4] 采用溶剂热法,利用三氯乙酸调控表面缺陷制备磷钨酸负载 UiO-66 复合材料,在 UiO-66 表面引入了大量的缺陷,提高活性位点,研究了材料对阳离子染料罗丹明 B、孔雀石绿、阴离子染料橙黄 G 的吸附性能吸附容量分别为 222.6 mg/g、190.6 mg/g 和 40 mg/g,吸附模型符合 Langmuir 模型。另外,阳离子染料可以选择性地从阳离子-阴离子染料二元体系中去除。结果表明,新型的基于聚氧金属酸盐的 UiO-66 材料是一种很有前途的吸附废水阳离子染料的材料。

Chen 等 [5] 采用—NH₂，—Br，—（OH）₂，—（SH）₂功能基团的有机配体制备了功能化 UiO-66 型金属有机骨架材料，对罗丹明 B、刚果红和甲基橙的可见光催化。发现共轭健电子从发色基团转到 Zr 中心原子，提升了催化效果，不同取代基基团导致了 UiO-66 金属有机骨架材料中的不同能带，引起自由电子和空穴的复合程度不同。

Zhang 等 [6] 采用 Ce 掺杂 UiO-66 纳米晶，对甲基蓝、甲基橙、刚果红和酸性铬蓝 K 的吸附容量分别为 145.3 mg/g、639.6 mg/g、826.7 mg/g、245.8 mg/g，去除率分别为 98.6%、96.7%、97.9% 和 98.25%。吸附模型符合 Langmuir 模型。除了酸性铬蓝 K 外，各染料均为线性结构，较容易进入金属有机骨架内部，而 Ce 掺杂后引起了电荷的变化，Zeta 电位较小，同时 Ce 调控了孔径大小，增强了吸附位点，产生了协同的静电吸附作用，有利于染料的吸附。这些孔隙充填机制研究表明，通过调整孔的性质和大小的框架以及 π-π 交互和离子与 π 形成的键交互机制显示选择性吸附芳香族的应用潜力。

肖娟定等 [7] 选用 ZnCl₂ 作为微波传热介质，选用金属有机骨架材料 MIL-100(Fe) 作为前驱体和模板，糠醇（FA）作为第二前驱体。运用微波离子热法在短短 3 min 内即得到一系列的 γ-Fe₂O₃/C 磁性多孔复合物材料。这类材料具有高的比表面积，从 598~800mg/g，极好的磁性能（$M_s$=4.12~19.54 emu/g），对有机染料次甲基蓝（MB）的吸附曲线在 30 min 内所有的吸附都达到了约最大吸附量的 90%，说明该 γ-Fe₂O₃/C 磁性材料不仅具有对 MB 的高吸附能力，还具有高的吸附效率。吸附 MB 的质量随着初始 MB 浓度的增加而快速增加。表明在高 MB 浓度时这种吸附效应会更明显，吸附容量达 303.65 mg/g。对 MB 的吸附模型与 Langmuir 吸附模型十分吻合，很显然该磁性吸附剂对 MB 的最大吸附量要高于很多其他的磁性多孔材料。MOFs-235 对污水中阴离子染料甲基橙（MO）和阳离子染料甲基蓝（MB）的去除效果，对 MO 和 MB 的吸附能力分别为 477 mg/g 和 187 mg/g，分别是活性炭的 43 倍和 7 倍吸附模型为二级动力学模型。

裴灵光等 [8] 研究了不同阴、阳离子表面活性剂在超分子模板制备多级孔道 MOFs 材料的作用及机理,合成多级孔道金属有机骨架材料,并探索其快速吸附动力学。通过阴、阳离子表面活性剂的协同效应,实现了多级孔道金属有机骨架材料介孔的系统调控,所制备的多级孔道 MOFs 除具备微孔孔道之外,还具有连续可调的介孔孔道和大孔,以次甲基蓝为模型分子,研究了具有微介孔多级孔道的 MOFs 材料对有机分子的吸附动力学行为,与只有微孔的 MOFs 材料相比,具有微介孔多级孔道的 MOFs 材料可在数十秒至数小时内完成对染料分子的吸附,而微孔 MOFs 完成对同样容量染料分子的吸附需要几十个小时,结果表明,有机分子在微介孔多级孔道 MOFs 材料孔道内的扩散限制效应得到大大改善。

该课题组还研究了纳米孔洞金属有机骨架材料纳米晶的制备。快速吸附动力学及其荧光传感性质,选择表面活性剂、嵌段共聚物等作为软模板,系统调控多种纳米孔洞金属有机骨架材料的晶体尺寸,使 MOFs 材料由微晶向纳米晶转变,得到多种形貌的 MOFs 纳米晶,通过对有机分子的吸附动力学实验可知,MOFs 纳米晶不但具有较大的吸附容量。同时比其微晶具有更大的吸附速率常数,即具有超快的吸附速度,这一研究结果对于快速选择性吸附和选择性酰化等具有一定的理论意义和重要的实际应用价值。利用与缺电子的硝基芳香化合物靠近时,富电子的电子给体金属有机骨架将会荧光淬灭这一特性,实现了荧光传感器对硝基芳香化合物的溶液的高选择性、高灵敏度快速检测,尝试了荧光传感器对硝基芳香化合物气体的检测;深入比较超声方法快速合成的纳米晶与传统方法合成的 MOFs 微晶对硝基芳烃类炸药的荧光响应速度,研究结果表明,与微晶材料相比,MOFs 纳米晶对硝基爆炸物具有更高的灵敏度和更快的响应速度。

该课题组通过水热快速合成法合成具有高比表面积的 $Fe_3O_4@$ MIL-100(Fe) 核壳微球,磁性 $Fe_3O_4$ 微球被包裹在规则的金属有机骨架 MIL-100(Fe) 壳里面,并且随着金属有机骨架 MIL100(Fe) 量的增加,$Fe_3O_4@$MIL-100(Fe) 磁性微球的尺寸也在变大。研究其对甲基橙染料吸附性能,该吸附过程在动力学上符合二级动力学模型,热力学符合

Freundlich 等温模式。同时合成出来的产物具有很好的磁学性能,通过外加磁场可以实现吸附剂与溶剂的分离,这也减少了回收循环利用的麻烦,提高了其在实际生产中的应用价值。

Hao 等[9] 报道了一种简便有效的方法用于合成不含调节剂的 HP-UiO-66。通过使用微孔和中孔调节过程,得到的 UiO-66 纳米粒子聚集状态形成稳定的中孔,比表面积和孔隙度与原料和反应温度密切相关。金属原子和有机配体 1:1 时,比表面积可达 916 m²/g, N₂ 吸附脱附曲线都是 I 型和 IV 型的组合,表明制备的材料同时具有微孔和中孔,微孔孔径分别为 0.85 nm、1.18 nm、1.50 nm,孔径尺寸从 2.0 nm 变化到 7.2 nm,总的孔体积为 0.91 cm³/g,中孔的比率为 81%。HP-UIO-66-150 材料展示了优异的热稳定性,可以有效用于吸收罗丹明和环戊丙酸睾酮大分子。HP-UiO-66-150 同样用于缩醛反应,在室温下 10 min 内糠醛的转化率就达到 92%,40min 内达到 98%,而微孔的 UiO-66 的转化率 10 min 时仅为 19%,且具有较好的 5 次循环使用性能,说明微孔的 HP-UiO-66-150 具有较好的催化性能。这种简单有效的合成方法合成的材料在大规模生产中具有广阔的应用前景,可作为多种用途的吸附剂、载体或催化剂。

MOFs 开放金属位点数量有限以及吸附分子间的排斥作用,导致其吸附能力较低,阻碍了 MOFs 在染料吸附方面的应用。除了开放的金属位点外,在 MOFs 的壁内锚定新的结合位点方面也是一种较为有效的方法。

Yang 等[10] 采用混联剂法制备了聚乙烯基苯甲酸(PVBA)和 UiO-66 材料,具有多配位基团的柔性 PVBA 作为混合配体,在 UiO-66 晶体结构中引入了介孔和非配位苯甲酸基团,形成了独特的结构和功能。PVBA-UiO-66 对 MB 仅仅具有较强的吸附性能而不是光催化降解,PVBA(43%)-UiO-66 对 MB 具有高的超吸附能力(909 mg/g),比 UiO-66 吸附(357 mg/g)提高了 2.55 倍,两者对 MB 的吸附模型分别符合 Langmuir 模型和 Freundich 模型。在吸附过程中,较强的静电吸引力对 MB 的吸附起到主要作用,对阳离子罗丹明、中性苏丹 III 和阴离子甲基橙具有良好吸附能力,分别为 512 mg/g、430 mg/g 和 350 mg/g。由于 PVBA 参与配位而产生的介孔和未配位羧基,吸附动力学可以很好地拟合成伪二阶模型,吸附过程是自发的,在 303 K、313 K 和 323 K 处热力学上是有利的。

Wan 等[11]采用 MIL-100(Fe)纳米粒子原位修饰氧化石墨烯,制备了三维 MIL-100(Fe)/石墨烯混合气凝胶(MG-HA)。结果表明,所得的 MG-HA 具有相互连接的孔结构。既可作为吸附剂,又可作为催化剂用于去除水溶液中的 MB,结果表明,MG-HA 的饱和吸附能力高达 333.33 mg/g,超过了相应的原始石墨烯气凝胶和 MIL-100(Fe)纳米颗粒的饱和吸附能力。在 $H_2O_2$ 存在下,MG-HA 进一步表现出催化降解能力,吸附/催化的双重作用和协同效应得到充分体现,快速、彻底去除 MB,在不产生二次污染的前提下处理高浓度污染物,效果显著。通过与一系列普通吸附剂的比较,直观地说明了该方法的优点,即通过模型分离装置可以瞬间去除 MB。基于协同吸附/催化过程的可行数学模型揭示了一种拟二阶吸附过程和拟一阶催化降解动力学。此外,MG-HA 在使用 5 次后,仍能保持其初始去除率的 93.4%。

MOFs 与 $Fe_3O_4$ 的结合具有一定的优越性,在药物传递、催化和废水处理方面具有潜在的应用价值。Han 等[12]制备了一种高水稳定性的基于 MOFs 的磁性材料 $Fe_3O_4$@ZTB-1,作为一种优良的吸附剂用于刚果红的快速吸附。$Fe_3O_4$@ZTB-1 比 $Fe_3O_4$ 和 ZTB-1 对刚果红吸附能力都强,为 458 mg/g,20 min 内可吸附 97% 的刚果红。在 pH 为 6.5 时,部分负电荷分布在 $Fe_3O_4$ 微孔表面,$Zn^{2+}$ 在静电引力的作用下被快速吸附到 $Fe_3O_4$ 表面。有机配体 BPTP 和 TDA 与 $Zn^{2+}$ 阳离子反应形成 ZTB-1 纳米材料,部分 ZTB-1 位于 $Fe_3O_4$ 表面或两个 $Fe_3O_4$ 之间,对于 $Fe_3O_4$@ZTB-1 而言,$Fe_3O_4$ 所产生的诱导偶极子可以诱导铁离子在 ZTB-1 分子上产生一个瞬态偶极子,这可以增加 ZTB-1 的变形能力和轨道重叠,在氧和锌原子之间,促进电子从氧传递到锌。羧基 C=O 键上的氧原子吸电子能力增强后,容易和刚果红中的—$NH_2$ 形成氢键。因此,$Fe_3O_4$@ZTB-1 中的 C=O 基团和刚果红中的—$NH_2$ 基团之间的相互成键作用导致刚果红的快速吸附,吸附动力学符合一级动力学。另外,$Fe_3O_4$@ZIF-8核-壳纳米结构具有独特的形貌,比表面积大,热稳定性好,具有超顺磁性。ZIF-8壳体厚度可以通过改变壳体的数量来精确控制,$Fe_3O_4$@ZIF-8对亚甲基蓝具有良好的吸附性能,吸附量最大容量为20.2 mg/g。

Guo等[13]通过原位合成方法,成功地将不同含量的钛掺杂到锆基金属有机骨架UiO-66中,得到了一系列杂化的UiO-66-$n$Ti MOFs,这些材料保持了较高的结晶度和良好的结构稳定性。钛的加入对UiO-66的晶体大小和形貌有重要影响。与八面体UiO-66晶体相比,UiO-66-$n$Ti MOFs具有更小的晶体尺寸和更粗糙的表面,呈现出球形的晶体形貌。由于钛的掺杂,UiO-66-$n$Ti MOFs的骨架孔隙度略有降低。以UiO-66-$n$Ti MOFs为吸附剂,研究了从水中去除有机染料的方法。结果表明,与UiO-66相比,这些杂化材料对有机染料刚果红具有更强的吸附能力。含2.7%钛掺杂的UiO-66-2.7Ti的吸附能力最高,为979 mg/g,是UiO-66的3倍。吸附能力高的主要驱动力主要是因为UiO-66-2.7Ti正电荷表面与刚果红负电荷分子之间的强静电吸引引起的。

Han等[14]开发了三维(3D)锆金属有机框架(MOFs)封装在一个天然木膜(UiO-66/木膜)复合材料中。采用光热法在三维低曲度木材管腔中原位生长UiO-66 MOFs用于高效去除水中的有机污染物。所得到的UiO-66/木膜包含高度介孔的UiO-66 MOFs结构,沿着木材生长方向的有许多细长和开放的腔体。这种独特的结构提高了有机污染物的传质,增加了水流经膜时有机污染物与UiO-66 MOFs的接触概率,从而提高了去除效率。此外,由三层UiO-66/木膜组成的一体化多层过速器,在$1.0 \times 10^3$ L/($m^2 \cdot h$)流量下,对罗丹明6G、普萘洛尔、双酚A等有机污染物的去除率高达96.0%。根据UiO-66 MOFs的含量计算出UiO-66/木膜对R6G的吸附能力为690 mg/g。这种低成本、可扩展的UiO-66/木膜生产在废水处理和其他相关污染物去除方面有着广泛的应用。

# 7.3　纳米磁性复合材料对重金属离子的吸附

　　高效、高选择性的新型固体吸附剂一直是废水中有毒金属离子去除的重要物质。Quan 等[15]研究制备了一种复合纳米吸附剂 $NH_2$-$mSiO_2$@MIL101（Cr），并首次应用于高效去除 Pb（Ⅱ）和 Cr（Ⅵ）。结果表明，在微孔/介孔 MIL-101（Cr）上完全包覆一层介孔 $SiO_2$ 壳层，可以制备出典型的核@壳结构，如图 7-1 所示，表面电荷和 zeta 电位发生了显著的变化。选择 Pb（Ⅱ）和 Cr（Ⅵ）两种有毒金属离子作为主要吸附目标，评价其表面吸附活性。对吸附条件进行了优化，考察了其他共存离子的影响，考察了吸附选择性，$NH_2$-$mSiO_2$@MIL101（Cr）纳米复合材料与原有的 MIL-101（Cr）和非胺化 $mSiO_2$@MIL-101（Cr）相比具有显著的吸附活性，并且在其他二价金属离子存在下对 Pb（Ⅱ）具有良好的选择性。$NH_2$-$mSiO_2$@ MIL-101（Cr）具有良好的可重用性和吸附选择性，在选择性去除废水中 Pb（Ⅱ）等特殊金属离子方面具有潜在的应用前景。

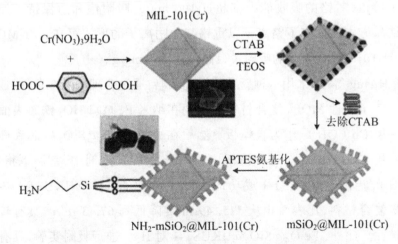

图 7-1　$NH_2$–$mSiO_2$@MIL101（Cr）的制备示意图

Cr（Ⅵ）作为一种致癌物,在工业生产过程中广泛应用,其破坏性毒性较大,因此研究一种对 Cr（Ⅵ）具有快速吸附性能的稳定高效吸附剂势在必行。含锆金属有机骨架（Zr-MOFs）是近年来发展起来的一种新型环保型吸附剂。Zr-MOFs 以无毒金属为原料制备,具有良好的稳定性和显著的物理化学特性,如 Zr- 基团吸附氧阴离子的高趋势、有益的结构缺陷以及通过调制器合成对其性能进行修饰等。Shokouhfar 等[16]通过逐步添加一个 N—O 官能团来提高 UiO-66 作为最稳定的 Zr-MOFs 对水溶液中 Cr（Ⅵ）的吸附能力。这一策略获得了一种新的 Zr-MOFs 结构（TMU-66）,其最大 Cr（Ⅵ）吸附能力为 60.241 mg/g,是 UiO-66 吸附能力的 4 倍,且具有非常快的（<3 min）吸附速度,动力学遵循伪二阶动力学。

Liu 等[17]以十二烷基苯磺酸盐作为添加剂,采用溶剂热法制备了 109.48 emu/g 的高饱和磁化强度超顺磁性单分散 $Fe_3O_4$ 空心微球。空心微球对工业废水 Cr（Ⅵ）有 180 mg/g 的吸附能力,在重金属离子浓度较低的情况下,吸附模型为 Freundlich 模型,而随着浓度的增加,吸附模型转变为 Langmuir 模型。吸附机理可以解释为 $Fe_3O_4$ 通过静电吸附 Cr（Ⅵ）到表面之后,发生氧化还原反应,被还原为 Cr（Ⅲ）。

金属有机骨架材料 FIR-53 和 FIR-54 通过离子交换技术获得纳米离子通道,对铬的吸收能力都超过 100 mg/g,吸附饱和后保持了原来的结晶方式。证实了铬离子以重铬酸盐阴离子的形式存在。Zr-MOFs（ZJU-101）对 $Cr_2O_7^{2-}$ 的吸附量最高可达 245 mg/g。

Huang 等[18]采用一种新颖的绿色策略,通过合理的工艺条件,成功地制备了磁性 MOFs 复合材料。首先在纳米 $Fe_3O_4@SiO_2$ 铁芯表面涂覆一层 Cu（OH）$_2$ 作为自模板。然后在纳米 $Fe_3O_4@SiO_2$ 铁芯表面涂覆一层 Cu（OH）$_2$ 作为自模板,在水 - 乙醇混合溶剂中,室温下将 Cu（OH）$_2$ 转化为 HKUST-1 成功地获得了 $Fe_3O_4@SiO_2@HKUST-1$ 核壳纳米复合材料,比表面积从 775.49 $m^2/g$ 降低到 67.43 $m^2/g$,具有较好的磁性。此外,$Fe_3O_4@SiO_2@HKUST-1$ 对 $Hg^{2+}$ 进行吸附实验,具有良好的吸附选择性和 264 mg/g 的吸附能力以及快速吸附动力学。

仲崇立等[19]通过甲酸基取代,将螯合剂乙二胺四乙酸加入到 MOFs-808 中,获得了适用于多种金属离子高效捕获的新型吸附材料。以 $La^{2+}$、$Hg^{2+}$ 和 $Pb^{2+}$ 为例,它们分别属于硬酸、软酸和临界酸,吸附动力学非常快,在 5 min 内,三种离子的去除率均可超过 90%,达到 99%。其高速率性能可归因于其表面积和孔径大到足以促进金属离子扩散到 MOFs-808 的 EDTA 位点。MOFs-808-EDTA 对 $La^{3+}$、$Hg^{2+}$、$Pb^{3+}$ 的饱和吸附能力分别为 205 mg/g、592 mg/g、313 mg/g,高于其他多种多孔材料。由于 EDTA 在 MOFs 中的有序结构分布良好,MOFs-808-EDTA 在重金属离子捕获方面表现出较好的吸附能力。对其他 19 种重金属离子的抽集实验表明,MOFs-808-EDTA 具有很强的重金属吸附能力。主要是因为 MOFs-808-EDTA 中金属离子与 EDTA 的强螯合作用,金属离子被吸附在 MOFs-808-EDTA 固体的孔隙中。三种类型的重金属离子(软酸、硬酸和临界酸)与 EDTA 官能团在骨架上的接枝相互作用较强,吸附后形成螯合络合物。MOFs-808-EDTA 对于单组分体系和多组分体系的多种重金属离子的去除率均可达 99% 以上。MOFs-808-EDTA 是一种有应用前景的净化材料,作为固体载体制备分散性较好的金属催化剂具有很大的潜力。

# 7.4  纳米磁性复合材料对有害气体的吸附

CO、$NO_x$、$H_2S$、$NH_3$、$SO_x$、卤素以及挥发性有机化合物通常被称为有毒或有害气体,会引起光化学烟雾、酸雨和温室效应,有的即使在浓度非常低的情况下,也会引起呼吸道疾病。因此,从环境中去除这些有害气体是控制污染和保护人类健康的一项重要工作。环境净化技术有很多,包括膜分离、焚烧和氧化。然而,大多数处理方法都存在成本高、效率低和 / 或产生二次污染物的问题。吸附和光催化由于其低成本、低水平的二次产物、易于分离和对环境无害的性质,成为较好的环境净化技术。近年来研究表明，MOFs 是气体分离、太阳能转化和光催化应用中最有效的吸附剂或催化剂之一，MOFs 材料对各种气体污染物的吸附和降解处理主要是物理和化学吸附。有毒气体大多数都具有氧化还原活性，仅仅依靠吸附剂与有毒气体之间较弱的物理吸附是不够的，会导致较低的吸附容量和二次污染。因此，除了物理吸附以外，通过化学吸附在吸附剂和气体之间形成特定的相互作用是非常可取的。

### 7.4.1 磁性金属 – 有机骨架复合材料对 $H_2S$ 的吸附

$H_2S$ 是一种易燃、有毒、腐蚀性气体，在城市污水、畜牧场、受污染的下水道和港口排放，由于比空气重，可沿地面传播，浓度为 100 ppm 的毒性立即会对健康造成危害。MOFs 对 $H_2S$ 具有良好的吸附能力、高亲和力和高选择性，是去除痕量 $H_2S$ 的良好的吸附剂之一。目前应用于 $H_2S$ 的物理吸附的金属有机骨架材料主要有 HKUST-21、MIL-47（V）、MIL-53（Cr, Al）、MIL-101（Cr）、MIL-53（Fe）、UiO-67 等，这些 MOFs 对 $H_2S$ 表现出良好的亲和力。

众所周知，通过将硫的 p 电子转移到过渡金属的 d 轨道上，可以形成 p-d 键。铜、锌、铁阳离子很容易与 $H_2S$ 配位形成金属硫化物，提高了对 $H_2S$ 的吸附能力。$H_2S$ 与 MOFs 金属开孔部位的强结合力可以有效地防止 $H_2S$ 的二次污染问题，MOFs 在捕获 $H_2S$ 方面具有许多优势。因此，MOFs 开放金属位点的较强化学相互作用捕获酸性 $H_2S$ 原子。

硫化氢具有腐蚀性、毒性和难闻的气味，对工业发展具有极其重要的意义。然而，在工业气流中，$CO_2$ 的存在影响了 $H_2S$ 的去除效率。为了提高 $H_2S$ 的去除效果和环境温度下对资源的回收，Huang[20] 设计了一种新型核壳结构 $H_2S$ 印迹聚合物（$PMo_{12}$@ UiO-66@$H_2S$-MIPs）。采用 $H_2O$ 作为 $H_2S$ 的替代模板，避免了 $H_2S$ 的毒性和不稳定性问题。对模板/功能单体/交联剂的摩尔比、致孔剂的用量、聚合时间等聚合条件进行了详细的优化。$PMo_{12}$@ UiO-66@ $H_2S$-MIPs 在有水蒸气存在的环境温度下对 $H_2S$ 具有较高的吸附能力。对 $H_2S/CO_2$ 具有良好的分离性能。180 ℃空气吹扫再生 PMo$_{12}$@ UiO-66@H$_2$S MIPs，室温 O$_3$ 处理可使其稳定脱硫能力至少维持 6 个循环。H$_2$S 吸附后转化为硫，PMo$_{12}$ 在脱硫过程中起氧化还原作用。这项工作为 H$_2$S 的去除、分离和资源利用拓宽了视野。

Alivand 等[21] 研究不同簇/配体（X）和簇/调制器（Y）比例对 MIL-101@M-X Y 的结构性能、反应收率和气体吸收的影响。结果显示，表面积和孔原体积的 MIL-101@M-0.5-0.5 系列（合成与 Cr : H$_2$BDC 1 : 2 代替传统 1 : 1）的比表面积达到 3596 m$^2$/g，和孔径为 1.65 cm$^3$/g，相比于传统的 MIL-101 分别提高了 23.8% 和 27.9%。在 298 K 条件下，对 CO$_2$ 的吸附容量为 3.16 mmol/g，对 H$_2$S 的吸附容量为 7.63 mmol/g，相比传统的 MIL-101-（Cr）分别提高了 44.9% 和 59.3%。气体吸附能力增强，特别是对极性 H$_2$S 分子的吸附能力的增强，不仅归功于 MIL-101@M-0.5-0.5 的优异结构特性，而且还归功于更多的不饱和 Cr$^{3+}$ 位点在低压下提供了更强的相互作用。

为了系统地了解 H$_2$S 分离过程中的稳定性的吸附机理，采用 11 种 MOFs 利用密度泛函理论、分子动力学和动态分离实验研究了 H$_2$S/CO$_2$ 选择性分离，对不同开放金属位点、有机链接体、表面积和多孔结构进行了 H$_2$S 吸附的实验和理论研究。结果表明，在 Mg-MOFs-74、MIL-101（Cr）、UiO-66、ZIF-8 和 Ce-BTC 上进行的吸附为完全可逆物理吸附，而在 UiO-66（NH$_2$）上的吸附则为不完全可逆吸附，而 HKUST-1、Cu-BDC（ted）0.5、Zn-MOFs-74、MIL-100（Fe）、MOFs-5 发生一次性化学吸附，其中 Mg-MOFs-74、UiO-66 和 MIL-101（Cr）是良好的 H$_2$S 捕获吸附剂，主要是因为 S 原子与开放金属位点以及 MOFs 的官能团之间存在较强的化学相互作用。Mg-MOFs-74 对 H$_2$S 的吸附量为 0.24 mmol/g，主要归因于骨架中含有较强的 O—Mg—O 键，阻止了 S—Mg 键的形成。MIL-101（Cr）对 H$_2$S 的吸附能力增强，稳定性显著，因为硫的 p 轨道电子接近 MIL-101（Cr）的开放金属位点，且 Cr—O 键具有较强的键能。

### 7.4.2 磁性金属-有机骨架复合材料对 $SO_2$ 的吸附

硫存在于石油和天然气等燃料中。燃烧会产生大量的二氧化硫,吸入后会立即影响人体健康,有效捕获和清除 $SO_2$ 对人类的生命具有重要意义。MOFs 吸附 $SO_2$ 后,$H_2SO_3$ 和 $H_2SO_4$ 可能会与 MOFs 的金属位点形成极强的结合,导致 MOFs 的吸附能力不可逆的阻塞,结构坍塌。以联装-3,3,5,5-四羧酸为有机链接剂,$In^{3+}$ 为金属中心,合成了一种高强度的 MOFs-300(In)。团膜和有机链接体之间的多配位具有一维孔道的高孔隙度,对 $SO_2$ 具有较高的亲和力,在 298 K 和 1 bar 条件下,对 $SO_2$ 的吸附能力为 8.28 mmol/g,吸附 $SO_2$ 后框架结构保存完好。

$SO_2$ 具有腐蚀性,氧化钙和沸石是常用的 $SO_2$ 洗涤剂,以吸附的原理用于较强的或不可逆地除去 $SO_2$。MOFs 材料虽然具有许多优异的化学稳定性,由于 MOFs 中仅有少数能够对其吸附,其中许多 MOFs 不可逆地吸附 $SO_2$ 或发生相变,它们不适用于 $SO_2$-结构-吸附-感应关系的研究。此外,探索能够以可逆方式感知和选择性捕获该有毒分子的吸附剂,并且深入了解结构性质的关系的研究还很少,在 ppm 水平设计用于可逆 $SO_2$ 传感的传感器装置仍然是一个持续的挑战。

在一种坚固的多孔材料 MFM-601 中,在 298 K,1 bar 的条件下,对 $SO_2$ 的吸附能力达到了创纪录的 12.3 mmol/g,MFM-601 对 $SO_2$ 的吸附是完全可逆的,对 $CO_2$ 和 $N_2$ 具有很强的选择性。通过原位同步辐射 X 射线衍射实验,确定了 MFM-601 中吸附的 $SO_2$ 和 $CO_2$ 分子的结合域,为 MFM-601 的高选择性提供了分子水平的依据。

MMM-300(Sc)金属有机骨架材料是一种吸附 $SO_2$ 的最佳吸附剂,具有高吸收率、良好的稳定性和良好的循环性能,在室温下具有显著的易再生性。当少量乙醇被初步吸附时,MOFs 对 $SO_2$ 的吸收率显著提高了 40%。

MOFs 材料的结晶性、空间规律性和表面活性可以通过实验设计调控,在各种分离中表现出很大的应用潜能,可以在液相和气相中得到应用。应用于 $CO_2$ 的捕集、天然气净化、$H_2$ 净化、惰性气体分离、空气分离等领域。也应用于有害气体分离、结构异构体分离等各种需要在气相和液相系统分离的环境。目前 MOFs 作为单一特性的分离材料,已经较为成熟。未来 MOFs 材料在分离上的应用,将不再是单组分等温线计算的 $CO_2$ 相对于 $N_2$ 或 $CH_4$ 的选择性吸附,而是选择性地从充满 $SO_x$ 的热湿烟气流中,捕获 $CO_2$ 氨氧化物和其他污染物,并且在多年的使用过程中,材料不会降解。

### 7.4.3 磁性金属 – 有机骨架复合材料对 OVOCs 的吸附

挥发性有机化合物是一种主要的有机空气污染物。具有较高的蒸气压,由燃料燃烧释放,或从各种工业、气田和柴油废气排放。挥发性有机化合物主要有含氧挥发性有机化合物( OVOCs )、芳香族化合物、烷烃 / 烯烃以及含 N 或 S 的有机化合物。挥发性有机化合物具有较高的反应活性,它们大多能与氮氧化物发生反应,形成地面臭氧、气溶胶、烟雾和颗粒物。挥发性有机化合物的极性较高,它们通常比其他类型的挥发性有机化合物反应性更强,易于形成臭氧和气溶胶,构成严重的健康风险。因此,开发有效捕获和去除挥发性有机化合物的多孔材料具有重要的意义。

到目前为止,活性炭、活性炭纤维和沸石被广泛应用于 VOCs 的吸附。近年来, MOFs 以其可调的孔径和结构、灵活的合成方法和多种功能来调节吸附能力,已被证明是传统多孔材料的重要替代品。ML-53( Al )、MIL-47( V )、MIL-53( Fe )、ZIF-8( Zn )和 UiO-66( Zr )等已经成功地被应用于各种挥发性有机物的吸附。

醛类,特别是甲醛,是常见的有毒气体,需要控制在 ppb 水平。近年来,由于极性甲醛更倾向于吸附在极性 MOFs 上,而不是吸附在非极性吸附剂上,因此用于甲醛检测的极性 MOFs 的发展受到了广泛的关注。以 Cu 为原料,配以 5- 氨基异酞酸合成的新型 Cu-MOFs,这种 Cu-MOFs 中有大量的开放的金属位点和固定在其中的胺基,对甲醛表现出良好的吸附性能。

Zheng 等[22]采用乙二胺（ED）对 MIL-101 的开放金属位进行改性，大幅度提高了其吸附性能。添加乙二胺的 MOFs 吸附能力随氨基浓度增加而增加，最大吸附量达到 5.49 mmol/g。由于甲醛和氨基之间的可逆相互作用，也大大提高了可回收性和耐水性。氨基的孤对电子与甲醛的规基碳相互作用，经过质子交换和脱本形成亚胺的反应过程是可逆的。MOFs 可回收使用。MOFs 是一种检测低浓度醛类化合物非常敏感的吸附剂，在室内醛类吸附剂的设计中具有很大的潜力。

MOFs 的结构可调性为不饱和金属节点接枝不同官能团提高OVOCs 的吸附能力，提供了良好的机会。在真空条件下 MIL-101（Cr）去除束缚溶剂分子后，将乙烯二胺接枝到配位不饱和铬的团簇上，将游离氨基成功地引入 MOFs 孔内，增强与气态污染物键合能力。另外吸附剂的亲疏水性和热稳定性对其吸附性能影响较大，而在 MOFs 金属开放位点接枝官能团进行修饰，是一种很有效调整 MOFs 亲疏水性的策略。VOCs 是疏水分子，而热稳定性高的 MOFs 大多是亲水的，阻碍了疏水 VOCs 对 MOFs 的高效吸附。

通过多巴胺 N 配位修饰的 UiO-66（Zr）可以改变吸附剂的疏水性能，增强对乙醛、氯苯/$H_2O$ 在热力学和动力学上的竞争性吸附。多巴胺显著削弱亲电子金属离子之间的相互作用，形成了具有较高疏水性的 MOFs。该疏水性 MOFs 对乙醛（9.42 mmol/g）和氯苯（4.94 mmol/g）的吸附能力显著增强，且具有较好的回收性，重复使用 4 个循环后，吸附能力略有下降，说明 VOCs 吸附具有良好的可逆性。多巴胺修饰的 MOFs 在高湿度条件下对 VOCs 具有明显的竞争性吸附能力，是一种很有前途的 VOCs 吸附剂，但 $H_2O$ 通过占据反应位点和破坏 MOFs结构，很容易降低 MOFs 对 VOCs 的吸附能力。此外，在 MOFs 中引入—OH、—$NH_2$、—COOH、—$NO_2$、—$SO_3H$ 等供电子基团，通过氢键和酸碱相互作用，也能相应提高 MOFs 对气态污染物的吸附性能。

为了提高 MOFs 在高湿度条件下的稳定性，已经设计了许多策略。如调整疏水性/亲水性或空间因子，疏水性 MOFs 可以阻止 $H_2O$ 接近团簇或 MOFs，阻碍水解反应。在气体吸附中应用金属开放位点的 MOFs 的主要缺点是，由于分子水与 MOFs 金属开放位点之间存在不可逆的配位键，空气中的水可能会显著阻碍 MOFs 的吸附能力。除了优化骨架稳定性和调节 MOFs 的疏水性 / 亲水性外，还可以将 MOFs 与其他功能材料偶联，形成新的孔隙和结合位点，以提高 MOFs 的物理和化学吸附能力。

Morris 等制备了 Co-MOFs 和 Ni-MOFs 两种具有开放金属位点的多孔 MOFs，对 NO 具有良好的吸附、储存和水引发的输送性能。样品结构中每个配位不饱和金属原子对应一个 NO 分子，所有储存的气体即使在储存了几个月之后仍然可以输送。展现了对 NO 极高的吸附结合能力（7 mmol/g）和良好的储存稳定性，是制备 NO 储存固体的理想选择。[23]

Navarro 等以吡唑酸盐为基础的有机链接剂和镍阳离子为连接中心，合成了一种用于捕获有害 VOCs 的高度疏水 MOFs，加入三氟烷基的 MOFs 由于其超疏水性，即使在极端潮湿的条件下（相对湿度为 80%），这些 MOFs 也能捕获有害的挥发性有机化合物。[24]

Chen 等报道了一种具有六角形微轴结构 $NH_2$-MIL-101（Fe）的铁基 MOFs，用于可见光驱动的甲苯光催化降解。在可见光照射下，$NH_2$-ML-101（Fe）的光催化活性优于 P25，这是因为它在可见光吸附和光生电荷分离方面具有很高的效率。这项工作突出了 MOFs 在光催化降解 VOCs 方面的巨大潜力。[25]

王博等[26]制备的含铁金属有机框架 MIL100（Fe）在室温下相对湿度为 45%，空间速度为 $1.9 \times 10^5$ $h^{-1}$ 时，在 100 h 内具有 100% 的持久臭氧转化效率，远远超出大多数多孔或金属催化剂的性能，显示出优异且稳定的催化效率。该 MOFs 优于许多吸附剂和催化剂，如活性炭和 $\alpha$-$MnO_2$（12 h 后分别降至臭氧分解的 18% 和 60%）。团队发现水在 MOFs 催化臭氧分解中起协同作用，即使在极端潮湿的条件下（例如，> 90%RH）也能实现完全去除臭氧。为了进一步的实际应用，团队还用热压法对 MIL-100（Fe）进行了加工，制造了一种基于 MOFs 的催化过滤器,作为口罩上的过滤器,以保护人员免受臭氧污染。它显示了对低浓度臭氧几乎完全的保护。显示了 MOFs 在臭氧污染控制方面的巨大潜力,也为臭氧分解催化剂的设计提供了新的思路。

MOFs 在光催化氧化 VOCs 方面稳定性差,活性位点有限,使得该领域的研究非常具有挑战性。一般来说,提高光催化性能的尝试主要集中在将半导体加载到 MOFs 上原位降解吸附的 VOCs,并结合电子材料促进光电子和空穴分离。最常见的 $TiO_2$ 光催化剂的可见光驱动活性差、失活性能差、带隙大,严重限制了其在挥发性有机化合物( VOCs )纯化中的实际应用。

Yao 等 [27] 基于硬软酸碱( HSAB )原理,将 $TiO_2$ 纳米颗粒掺入 $NH_2$-UiO-66 中,制备了 $TiO_2$ 含量和尺寸可控的 $TiO_2$@$NH_2$-UiO-66,并将其应用于 VOCs 纯化。$TiO_2$@ $NH_2$-UiO-66 复合材料具有良好的界面接触,可以将光吸收扩展到可见光范围,加速光电空穴分离。此外,外部 MOFs 丰富的相互连接的 3D 腔体,使得 VOCs 容易扩散到孔隙中,形成包裹 $TiO_2$ 的浓度微环境。$TiO_2$-@$NH_2$-UiO-66 复合材料在可见光照射下对气态苯乙烯进行光催化降解,其光催化效率明显提高,且具有良好的失活性,在连续反应 10 h 后仍能保持,表现出相当的稳定性,这与 $TiO_2$ 与 MOFs 的协同作用有关。在 $TiO_2$ 周围聚苯乙烯进行原位降解,促进光生电子转移,防止 $TiO_2$ 纳米颗粒聚集。5 wt% 的 $TiO_2$@$NH_2$-UiO-66 能有效采集矿物苯乙烯与二氧化碳在一定程度上结合 600 min 内移除率99%。而 $TiO_2$ 的去除效率仅为 32.5%。这些工作为开发利用吸附浓度和原位光催化降解的协同作用来去除有害气体 / 蒸气的有效多孔材料开辟了新的途径。

全氟辛酸磺酸盐( PFOS )是一种持久性最难降解的有机污染物,具有疏水疏油的特性,用途广泛。PFOS 可以通过呼吸和食用被生物体摄取,其大部分与血浆蛋白结合存在于血液中,其余则蓄积在动物的肝脏组织和肌肉组织中。动物实验表明,每千克动物体重有 2 mg 的 PFOS 含量就可导致死亡。由于环境和健康方面的考虑,在大多数国家,它的使用仅限于某些工业应用,但镀路和半导体制造设施是含磷废水的工业点源。目前的补救技术在处理这些高度集中的工业废水方面是无效的。

Clark 等[28] 以几种缺陷浓度的 UiO-66 金属有机骨架（MOFs）为吸附剂，研究了从高浓度水溶液中去除 PFOS 的方法。PFOS 吸附等温线表明，以 HCl 为调制器制备的缺陷 UiO-66，其最大 Langmuir 吸附能力为 1.24 mmol/g。有缺陷的 UiO-66 吸附 PFOS 的速度比离子交换树脂快 2 个数量级。骨架内的大孔腺缺陷（16 Å 和 20 Å）是增加吸附能力的关键，这是因为更高的比表面积和更多的配位不饱和 Zr 位点结合 PFOS 基团。在电镀铬废水中常见的共污染物中，氯离子对 PFOS 吸附的影响可以忽略不计，而硫酸盐和六价铬阴离子竞争阳离子吸附位点。这些材料也是短链同系物全氟丁磺酸盐（PFBS）的有效吸附剂。结构缺陷的 UiO-66 增强 PFOS 吸附性能是一种对环境可持续性的具有优势的水处理方法。

### 7.4.4 磁性金属–有机骨架复合材料对颗粒物的吸附

颗粒物（PM）作为一种主要的空气污染源主要含有无机物和有机化合物，已成为最严重的环境问题之一，也对人类健康造成了严重危害。由于金属阳离子、水和有机化合物的存在，PM 具有很高的极性。近年来，空气污染问题备受关注，室内空气污染的治理成为当下的研究热点之一。室内空气污染具有累积性、长期性和多样性的特点。除了人们熟知的 PM2.5，挥发性有机物、细菌等也是室内空气的主要污染源。PM 表面有许多官能团，如 C—N、—$NO_3$、—$SO_3H$、C—O 等，形成带电的 PM，因此开发带电荷的空气净化材料有利于 PM 的捕获。与 PM 相似，MOFs 的组成包括无机氧化物团簇和有机链接剂，配位不饱和金属阳离子和缺陷使 MOFs 带电，可以通过 MOFs 与 PM 之间的偶极-偶极或静电相互作用捕获极化的 PM。

目前，对空气中各种污染物的控制，主要采用分步处理模式，通常采用多层滤网串联来实现 PM2.5 捕捉、甲醛去除等目的。分步处理不仅占用更多空间，而且投资和维护费用高。因此，发展以多功能净化材料为基础的一体化控制技术是解决上述问题的关键。

Wang 等[29]报道了 MOFs 在 PM 净化中的应用,采用模板冷冻干燥法,制备了不同载药量的 ZIF-8@SA(SA 代表海藻酸钠)空心管。采用制备好的 ZIF-8@SA 作为 PM 过滤器进行 PM 捕获。中空结构具有丰富的相互作用途径,对颗粒物的去除效果较好。其中 ZIF-8 正电荷高,颗粒物极性高。对 PM2.5 的去除效率为 $92 \pm 2.2\%$,对 PM10 的去除效率为 $95 \pm 2.6\%$,ZIF-8@SA 的去除效率明显高于 SA 基空管(PM2.5 为 $31 \pm 1.2\%$;PM10 为 $33 \pm 1.4\%$)。

目前,开发先进的多孔材料用于 PM 净化已经成为一个热门话题,最近的研究主要集中在利用碳基或聚合物基净化材料捕获 PM10 和 PM2.5。然而,对 PM1.0(直径小于或等于 1 μm 的大气颗粒物)的捕捉却很少受到关注。由于 PM1.0 毒性高、粒径小,可进入人体器官,捕获 PM1.0 应该是近期的主要目标。在这种情况下,开发基于 MOFs 的空气净化材料来有效地捕获具有大范围尺寸的 PMs 是很重要的。其策略思想是合成具有层次孔结构的 MOFs,利用中孔和微孔捕获 PM1.0。

由于 PM 的高极性,具有大量官能团和开放金属位点的 MOFs 为通过偶极相互作用或静电相互作用捕获尺寸分布广泛的 PM 提供了很大的机会。

空气净化往往需要多层具有不同功能的过滤器来去除各种空气污染物,导致压降高、气流路径大更换过滤器频繁。仲兆祥等制备了多功能 Ag@ MWCNTs/Al$_2$O$_3$,选用的基体为多孔陶瓷材料,在其颗粒堆积孔道口生长碳纳米管,随后在碳纳米管上均匀沉积纳米银颗粒,形成以微米孔道、碳纳米管和纳米催化组分构成的多层次结构膜材料,在室温下甲醛降解率为 82.24%,在 55 ℃时甲醛降解率为 99.99%,完全保留了室内空气中的微生物。高孔隙膜基体的三维联通的孔道结构透气性好。纳米纤维组成的拦截网络显著提高了粉尘扩散与惯性撞击概率,由于纤维尺度与气体分子平均自由程相当,诱导产生滑移流效应,最具穿透性的粒径(MPPS,气动直径 ≤ 300 nm)与原始 Al$_2$O$_3$ 过滤器相比,仅以 35.60% 的压降获得了完整的颗粒保留率(100% 的保留率)。多层次孔道结构具有较大的比表面积,是良好的催化剂载体,高度分散的纳米催化剂具有优越的催化性能,可快速降解 VOCs。该膜对空气中纳米粉尘的截留率达到 100%。具有良好的疏水性能(水接触角为 139.6° ± 2.9° ),延长了过滤器的使用寿命,提高了空气净化效率,同时对革兰氏阴性菌、革兰氏阳性菌、真菌等具有良好的抑制效果。[30]

王博等采用对辊热压印方法以 ZIF-8、ZIF-67 和 Ni-ZIF-8 三种 MOFs 体系批量制备金属有机骨架配合物(MOFs)基滤膜。对 PM 过能性能较好,并能在 80 ~ 300 ℃的温度范围内拥有高强度。PM 去除效率在长时间的测试过程(30 d)保持在 90% 以上。测试过后,ZIF-8@ 塑料网容易清洗,并且可以重复使用三次后,不出现明显的效率损失。[31] 在测试条件下和室内环境,MOFs 滤膜的透光率未发生改变并且有很好的渗透性、高 PM 去除效率、较好的长期留存率以及易于重新使用。这些高性能的 MOFs 滤膜以及连续长轴大量生产技术,无论在室内还是工业环境都有很好的前景。

# 参考文献

[1] 赵志伟,方振东,刘杰.磁性纳米材料及其在水处理领域中的应用 [M].哈尔滨:哈尔滨工业大学出版社,2018.

[2]Embaby M S, Elwany S D, Setyaningsih W, et al. The adsorptive properties of UiO-66 towards organic dyes:a record adsorption capacity for the anionic dye alizarin red S [J].Chinese. J. Chem. Eng.,2018,26:731-739.

[3]Yang J M.A facile approach to fabricate an immobilized-phosphate zirconium-based metal organic framework composite(UiO-66-P) and its activity in the adsorption and separation of organic dyes[J].J. Coll. Int. Sci. ,2017,505:178-185.

[4]Zeng L, Xiao L, Long Y K, et al.Trichloroacetic acid-modulated synthesis of polyoxo-metalate@UiO-66 for selective adsorption of cationic dyes [J].J.Coll. Int. Sci.,2018,516：274-283.

[5]Mu X X, JiangJ F, Chao F F, et al.Ligand modification of UiO-66 with an unusual visible light photocatalytic behavior for RhB degradation[J].Dalton Trans.,2018,47：1895-1902.

[6]Yang J M, Ying R J, Han C X, et al.Adsorptive removal of organic dyes from aqueous solution by a Zr-based metal-organic framework：effects of Ce（Ⅲ）doping[J].Dalton Trans.,2018,47：3913-3920.

[7] 肖娟定 . 几种多孔骨架材料的快速制备及其吸附、荧光传感性质研究 [D]. 合肥：安徽大学,2014.

[8]Li Z Q, Qiu L G, Xu Tao, et al.Facile synthesis of nanocrystals of a microporous metal organic framework by an ultrasonic method and selective sensing of organoamines[J].Chem. Commun.,2008,48：3642-3644.

[9]Hao L D, Li X Y, Hurlock M J, et al.Hierarchically porous UiO-66：facile synthesis, characterization and application[J].Chem. Commun.,2018,54：11817-11820.

[10]Yang Y F, Niu Z H, Li H, et al.PVBA-UiO-66 using a flexible PVBA with multi-coordination groups as mixed ligands and their super adsorption towards methylene blue[J].Dalton Trans.,2018,47：6538-6548.

[11]Wan Y J, Wang J Z, Huang F, et al.Synergistic effect of adsorption coupled with catalysis based on graphene- supported MOFs hybrid aerogel for promoted removal of dyes[J].RSC Adv.,2018,8：34552-34559.

[12]Han L J, Ge F Y, Sun G H, et al.Effective adsorption of Congo red by a MOFs-based magnetic material[J].Dalton Trans.,2019,48：

4650-4656.

[13]Guo R X, Cai X H, Liu H W, et al.In situ growth of metal organic frameworks in three dimensional aligned lumen arrays of wood for rapid and highly efficient organic pollutant removal[J].Environ. Sci. Technol.,2019,53（5）: 2705-2712.

[14]Han Y T, Liu M, Li K Y, et al.In situ synthesis of titanium doped hybrid metal organic framework UiO-66 with enhanced adsorption capacity for organic dyes[J].Inorg. Chem. Front.,2017,4: 1870-1880.

[15]Quan X P, Sun Z Q, Meng H, et al.Surface functionalization of MIL-101（Cr）by aminated mesoporous silica and improved adsorption selectivity toward special metal ions[J].Dalton Trans.,2019, 48: 5384-5396.

[16]Shokouhfar N, Aboutorabia L, Morsali A. Improving the capability of UiO-66 for Cr（Ⅵ）adsorption from aqueous solutions; by introducing isonicotinate N-oxide as the functional group[J].Dalton Trans.,2018,47: 14549-14555.

[17]Liu Y B, Wang Y Q, Zhou S M, et al.Synthesis of high saturation magnetization superparamagnetic $Fe_3O_4$ hollow microspheres for swift chromium removal[J].ACS Appl. Mater. Interfaces,2012,4: 4913-4920.

[18]Huang L J, He M, Chen B B, et al.A designable magnetic MOFs composite and facile coordination-based post-synthetic strategy for the enhanced removal of $Hg^{2+}$ from water[J].J. Mater. Chem. A, 2015,3: 11587-11595.

[19]Peng Y G, Huang H L, Zhang Y X, et al.A versatile MOFs-based trap for heavy metal ion capture and dispersion[J]. Nat. Commu., 2018,9: 187.

[20]Huang Y, Wang R.Highly selective separation of $H_2S$ and $CO_2$

using a $H_2S$ imprinted polymers loaded on a polyoxometalate @Zr-based metal organic framework with a core shell structure at ambient temperature[J].J. Mater. Chem. A,2019,7: 12105-12114.

[21]Alivand M S, Alavijeh M S, Mohammad N H. Facile and high-yield synthesis of improved MIL-101（Cr）metal-organic framework with exceptional $CO_2$ and $H_2S$ uptake: the impact of excess ligand cluster[J].Micropor. Mesopor. Mat.,2019,279: 153-164.

[22]Wang Z, Wang W Z, Jiang D, et al.Diamine appended metal organic frameworks: enhanced formalde hydevapor adsorption capacity, superior recyclability and water resistibility[J].Dalton Trans., 2016,45: 11306-11311.

[23] McKinlay A C, Xiao B, Wragg D S, et al. Exceptional behavior over the whole adsorption storage delivery cycle for NO in porous metal organic frameworks [J]. J. Am. Chem. Soc.2008,130: 10440-10444.

[24] Padial N M, Quartapelle P E, Montoro C, et al. Highly hydrophobic isoreticular porous metal-organic frameworks for the capture of harmful volatile organic compounds[J].Angew.Chem.Int. Ed.,2013,52: 8290-8294.

[25] Zhang Y, Li Q, Liu C, et al. Hexagonal microspindle of $NH_2$-MIL-101（Fe）metal organic frameworks with visible light induced photocatalytic activity for the degradation of toluene[J].Appl.Catal.,B, 2018,224 : 283 -294.

[26] Wang H, Rassu P, Wang X, et al.An iron containing metal organic framework as a highly efficient catalyst for ozone decomposition[J].Angew. Chem. Int. Ed.2018 ,57（50）: 16416-16420.

[27]Yao P Z, Liu H L, Wang D T, et al. Enhanced visible light photocatalytic activity to volatile organic compounds degradation and deactivation resistance mechanism of titania confined inside a metal-

organic framework[J].J.Colloid Interface Sci.,2018,522: 174-182.

[28]Clark C A, Heck K N, Powell C D, et al.Highly defective UiO-66 materials for the adsorptive removal of perfluorooctanesulfonate[J].ACS Sustainable Chem. Eng.,2019,7（7）: 6619-6628.

[29]Chen Y F, Chen F, Zhang S H, et al.Facile fabrication of multifunctional metal organic framework hollow tubes to trap pollutants[J].J.Am. Chem.Soc.,2017,139（46）: 16482-16485.

[30]Zhao Y, Low Z X, Feng S S, et al.Multifunctional hybrid porous filters with hierarchical structures for simultaneous removal of indoor VOCs, dusts and microorganisms[J].Nanoscale,2017,9: 5433-5444.

[31]Chen Y F, Zhang S H, Cao S J, et al.Roll to roll production of metal organic framework coatings for particulate matter removal [J].Adv.Mater.,2017,29（15）: 1606221.

[32]Zhang Y Y, Yuan S, Feng X, et al.Preparation of nanofibrous metal organic framework filters for efficient air pollution control[J].J.Am.Chem.Soc.,2016,138（18）: 5785-5788.